W0258804

Springer

*Berlin
Heidelberg
New York
Barcelona
Budapest
Hongkong
London
Mailand
Paris
Singapur
Tokio*

Klaus Pichhardt

Produkthaftung und Produktsicherheit im Lebensmittelbereich

Rechtsfolgen fehlerhafter Lebensmittel

Mit 36 Abbildungen

 Springer

Dipl.-Ing. Klaus Pichhardt
Karl-Ullrich-Straße 24
D-67574 Osthofen

E-mail: Klaus@Pichhardt.de
http://www.pichhardt.de

Die Deutsche Bibliothek - CIP-Einheitsaufnahme
Pichhardt, Klaus:
Produkthaftung und Produktsicherheit im Lebensmittelbereich: Rechtsfolgen fehlerhafter Lebensmittel /
Klaus Pichhardt. - Berlin; Heidelberg; New York; Barcelona; Hongkong; London; Mailand; Paris; Singapur;
Tokio: Springer, 1999
ISBN-13: 978-3-642-64319-4

ISBN-13: 978-3-642-64319-4   e-ISBN-13: 978-3-642-60244-3
DOI: 10.1007/978-3-642-60244-3

Satz: Satzerstellung durch Autor
Einband: Künkel + Lopka, Werbeagentur, Heidelberg
Gedruckt auf säurefreiem Papier   SPIN: 10741242   52/3020Fo - 5 4 3 2 1 0

Vorwort

Zentraler Begriff an der Schnittstelle von Technik und Recht, soweit es um die Verantwortung für die Qualität von Tätigkeiten und Arbeitsergebnissen geht, ist die Produkthaftung. Das vorliegende Buch erläutert die für den Laien oftmals schwer verständliche Sprache der Rechtswissenschaft und legt die juristischen Zusammenhänge im Bereich der Produkthaftung und Produktsicherheit bei Lebensmitteln dar.

Dabei ergänzt dieses Buch die folgenden unter gleicher Autorenschaft im Springer-Verlag erschienen Werke, die sich ebenfalls mit Lebensmittelqualität und Lebensmittelsicherheit beschäftigen:

- Hygieneschulung Lebensmittel. Nach der neuen Lebensmittelhygiene-Verordnung (LMHV). Unter Berücksichtigung der Norm DIN 10514 (1998)
- Hygieneschulung Lebensmittel. Nach der neuen Lebensmittelhygiene-Verordnung (LMHV). Unter Berücksichtigung der Norm DIN 10514 (1999)-CD-ROM
- Lebensmittelmikrobiologie. Grundlagen für die Praxis (4. überarb. Aufl. 1998)
- Qualitätsmanagement Lebensmittel. Vom Rohstoff bis zum Fertigprodukt (2. völlig überarb. u. erw. Aufl. 1997)

Nicht wenige Unternehmer und Betriebsinhaber haben seit der Etablierung der Qualitätsmanagementnorm nach DIN EN ISO 9000ff in der gesamten Lebensmittelwirtschaft ihre Unternehmungen dahingehend ausgerichtet, Organisations- und damit Qualitätsicherungsabläufe transparenter zu gestalten. Dies geschah sicherlich auch im Hinblick auf eine mögliche Beweislasterleichterung im Falle einer Produkthaftungsstreitigkeit. Auch auf diesen Gesichtspunkt sowie auf die Aussagekraft eines Zertifikates wird im Buch eingegangen; denn nur in wenigen Fällen sind die eingerichteten QM-Systeme – trotz Zertifizierung – geeignet, im Schadensfall eine Erleichterung bzgl. der Beweislast zu erbringen.

Auch mit der verpflichtenden Einführung von betriebseigenen Maßnahmen und Kontrollen – so die Umschreibung des HACCP-Konzeptes in § 4 der Lebensmittelhygiene-Verordnung – alleine ist noch keine Beweislasterleichterung zu erreichen.

Zunehmend müssen sich Geschäftsführer, Betriebsinhaber, Qualitätsbeauftragte, Labor- und Entwicklungsleiter, Einkaufs- und Marketingverantwortliche von lebensmittelherstellenden Unternehmen sowie von gastronomischen Betrieben und Großküchen mit dem Haftungsrecht beschäftigen und haben Entscheidungen zu treffen, deren Auswirkungen oft schwer zu überblicken sind. Hier bietet dieses Buch eine hilfreiche Unterstützung; es verdeutlicht mit praktischen Fallbeispielen die möglichen Folgen von Produktfehlern und gibt andererseits einfache Anleitungen zu vorbeugenden Maßnahmen. Auch Studierende der lebensmittelwissenschaftlichen Disziplinen werden darin eine interessante Einführung in dieses zunehmend wichtiger werdende Feld finden.

Zum Produkthaftungsgesetz und zum Produktsicherheitsgesetz sei noch folgendes bemerkt:

Das Produktsicherheitsgesetz setzt die allgemeine EG-Produktsicherheitsrichtlinie nur unvollkommen in deutsches Recht um. Die Vorschriften und Artikel über die Produktsicherheit, die sich in der allgemeinen Produktsicherheitslinie befinden, sind auch für die Auslegung und Anwendung des deutschen Lebensmittelsicherheitsrechts maßgebend, insbesondere für die Auslegung des § 8 des Lebensmittel- und Bedarfsgegenständegesetztes.

Bzgl. EG-Produkthaftungsrichtlinie ist zu sagen, daß diese geändert wurde und die objektive Produkthaftung nun auch für Urprodukte, d.h. also auch für landwirtschaftliche Erzeugnisse verbindlich eingeführt worden ist. Die Umsetzungsfrist für die Mitgliedsstaaten läuft bis zum 4. Dezember 2000; bis zur Umsetzung resp. Novellierung des Produkthaftungsgesetzes gilt allerdings die derzeitige Gesetzesfassung, die im Buch wiedergegeben ist.

Den Damen und Herren des Springer-Verlages, insbesondere aber Frau Dr. Jutta Lindenborn, danke ich für die sehr gute Zusammenarbeit und das stets freundliche Entgegenkommen

Osthofen, im Sommer 1999   KLAUS PICHHARDT

Inhaltsverzeichnis

Paragraphenverzeichnis

LMHV   – Lebensmittelhygiene-Verordnung
LMBG   – Lebensmittel- und Bedarfsgegenständegesetz
StGB   – Strafgesetzbuch
OWiG   – Gesetz über Ordnungswidrigkeiten
BGB   – Bürgerliches Gesetzbuch
ProdHaftG – Produkthaftungsgesetz
GenTG   – Gentechnikgesetz
HGB   – Handelsgesetzbuch
ProdSG   – Produktsicherheitsgesetz
ABl.   – Amtsblatt der Europäischen Gemeinschaften
BGBl.   – Bundesgesetzblatt

Abbildungs- und Tabellenverzeichnis

1
Lebensmittelsicherheit und -recht

Lebensmittelbezogene Gesetze, Verordnungen, sonstige Bekanntmachungen und amtliche Verlautbarungen zu Verkehrsauffassungen dienen dem Schutz des Verbrauchers, hier in erster Linie dem Gesundheitsschutz, aber auch dem Schutz vor Täuschung, wobei der Schutz vor Täuschung den Schutz des „redlichen Gewerbes resp. Handelsbrauchs" einbezieht.

Durch EG-Kommissionen[1] werden Richtlinien erlassen, welche die unterschiedlichen einzelstaatlichen Rechtsvorschriften harmonisieren, so daß in zunehmendem Maße innerhalb der Europäischen Union einheitliche lebensmittelrechtliche, sowie auch Vorschriften aus anderen Rechtsgebieten wie Produkthaftung und Produktsicherheit, den freien Warenverkehr nicht mehr behindern. Erinnert sei an die folgenden Richtlinien und Umsetzungen:

- Richtlinie 89/437/EWG des Rates vom 20. Juni 1989 zur Regelung hygienischer und gesundheitlicher Fragen bei der Herstellung und Vermarktung von Eiprodukten (ABl. EG Nr. L 212 S. 87)

  umgesetzt/harmonisiert durch die

- Schutz des Verbrauchers

- Harmonisierung der Rechtsgebiete innerhalb der Europäischen Union

---

[1] Anmerkung: Nach einer Empfehlung des Bundesministeriums der Justiz von Ende 1994 ist „Europäische Gemeinschaft" bzw. „EG" weiterhin die korrekte Bezeichnung, soweit es um Rechtsmaterien auf Basis des EG-Vertrages geht. Dem gegenüber ist die Bezeichnung „Europäische Union" bzw. „EU" unter anderem zu verwenden, wenn es um die gemeinsame Außen- und Sicherheitspolitik und die Zusammenarbeit in den Bereichen Justiz und Inneres geht.

Verordnung über die hygienischen Anforderungen an Eiprodukte (Eiprodukte-Verordnung) vom 17. Dezember 1993 (BGBl. I S. 2288)

- Richtlinie 91/493/EWG des Rates vom 22. Juli 1991 zur Festlegung von Hygienevorschriften für die Erzeugung und die Vermarktung von Fischereierzeugnissen (ABl. EG Nr. L 268 S. 15)

- Richtlinie 91/492/EWG des Rates vom 15. Juli 1991 zur Festlegung von Hygienevorschriften für die Erzeugung und die Vermarktung lebender Muscheln (ABl. EG Nr. L 268 S. 1)

beide Richtlinien umgesetzt/harmonisiert durch die
Verordnung über die hygienischen Anforderungen an Fischereierzeugnisse und lebende Muscheln (Fischhygiene-Verordnung – FischHV) vom 31. März 1994 (BGBl. I S. 737) geändert durch Änd.-VO der Fischhygiene-VO vom 15. Dezember 1995 (BGBl. I S. 1779)

- Richtlinie 92/5/EWG des Rates vom 10. Februar 1992 zur Änderung und Aktualisierung der Richtlinie 77/99/EWG zur Regelung gesundheitlicher Fragen beim innergemeinschaftlichen Handelsverkehr mit Fleischerzeugnissen sowie zur Änderung der Richtlinie 64/433/EWG (ABl. EG Nr. L 57 S. 1)

umgesetzt/harmonisiert durch die
Verordnung über die hygienischen Anforderungen und amtlichen Untersuchungen beim Verkehr mit Fleisch (Fleischhygiene-Verordnung – FlHV) vom 30. Oktober 1986 in der Fassung vom 15. März 1995 (BGBl. I S. 327)

- Richtlinie 92/46/EWG des Rates vom 16. Juni 1992 mit Hygienevorschriften für die Herstellung und Vermarktung von Rohmilch, wärmebehandelter Milch und Erzeugnissen auf Milchbasis (ABl. EG Nr. L 268 S.1)

umgesetzt/harmonisiert durch die
Verordnung über Hygiene- und Qualitätsanforderungen an Milch und Erzeugnisse auf Milchbasis

- Harmonisierung des Lebensmittelrechts

(Milchverordnung) vom 24. April 1995 (BGBl. I S. 544)

■ Richtlinie 93/43/EWG des Rates vom 14. Juli 1993 über Lebensmittelhygiene (ABl. EG Nr. L 175 S. 1)

umgesetzt durch die
Lebensmittelhygiene-Verordnung (LMHV) vom 5. August 1997 (BGBl. I S. 2008)

■ Richtlinie 76/893/EWG des Rates vom 23. November 1976 zur Angleichung der Rechtsvorschriften der Mitgliedstaaten über Materialien und Gegenstände, die dazu bestimmt sind, mit Lebensmitteln in Berührung zu kommen (ABl. EG Nr. L 340 S. 19)

■ Richtlinie 78/142/EWG des Rates vom 30. Januar 1978 zur Angleichung der Rechtsvorschriften der Mitgliedstaaten über Vinylchlorid-Monomer enthaltende Materialien und Gegenstände, die dazu bestimmt sind, mit Lebensmitteln in Berührung zu kommen (ABl. EG Nr. L 44 S. 15),

beide Richtlinien umgesetzt/harmonisiert durch die
Bedarfsgegenständeverordnung vom April 1992 (BGBl. I S. 866), zuletzt geändert durch Art. 30 des Gesetzes vom 27. 4. 1993 (BGBl. I S. 512), durch Art. 3 Nr. 2 der Verordnung vom 26. 10. 1993 (BGBl. I S. 1782), der 1. Änd.-VO vom 11. 4. 1994 (BGBl. I S. 775) der 2. Änd.-VO vom 15. 7. 1994 (BGBl. I S. 1670), durch Art. 5 des Markenreformgesetzes vom 25. 10. 1994 (BGBl. I S. 3082), der 3. Änd.-VO vom 16. 12. 1994 (BGBl. I S. 3836) und der 4. Änd.-VO vom 20. 7. 1995 (BGBl. I S. 954)

■ Richtlinie 85/374/EWG des Rates vom 25. Juli 1985 zur Angleichung der Rechts- und Verwaltungsvorschriften der Mitgliedsstaaten über die Haftung für fehlerhafte Produkte (ABl. EG L 210 S. 29)

umgesetzt durch das

- findet keine Anwendung auf landwirtschaftliche Naturprodukte

Gesetz über Haftung für fehlerhafte Produkte[2] (Produkthaftungsgesetz – ProdHaftG) vom 15. Dezember 1989 (BGBl. I S. 2198)

■ Richtlinie 92/59/EWG des Rates vom 20. Juni 1992 über allgemeine Produktsicherheit (ABl. EG L 228 S. 24)

umgesetzt durch das
Produktsicherheitsgesetz[3] (ProdSG) vom 22. April 1997 (BGBl. I S. 934)

- findet bei Lebensmitteln nur in Bezug Warnung und Rückruf Anwendung

Die zuvor beispielhaft genannten *vertikalen* oder auch branchenspezifischen Bestimmungen sowie die *horizontalen* Verordnungen – zu diesen gesetzlichen Vorgaben zählen bspw. die neue Lebensmittelhygiene-Verordnung, die Lebensmittel-Kennzeichnungsverordnung, Fertigpackungverordnung, Diätverordnung – sind sowohl produkt- als auch branchenübergreifend und beruhen auf der Ermächtigungsgrundlage der §§ 19 und 19a des Lebensmittel- und Bedarfsgegenständegesetzes.

Die Lebensmittelgesetzgebung fordert die Sorgfaltspflicht des Herstellers und des Handels und so urteilte der Bundesgerichtshof bereits 1958:

- ständige Rechtsprechung aller Oberlandesgerichte

„Grundsätzlich trifft jeden, der in der Kette von der Herstellung bis zur letzten Weitergabe des Lebensmittels an den Verbraucher beteiligt ist, die Verpflichtung, dafür zu sorgen, daß die Beschaffenheit und Bezeichnung im Einklang mit den gesetzlichen Bestimmungen stehen" (LRE 2, 41)[4].

---

[2] Ausgenommen sind – noch – landwirtschaftliche Erzeugnisse des Bodens, der Tierhaltung, der Imkerei und der Fischerei (landwirtschaftliche Naturprodukte), die nicht einer ersten Verarbeitung unterzogen worden sind; gleiches gilt für Jagderzeugnisse

[3] Das Produktsicherheitsgesetz findet keine Anwendung auf Produkte, die dem LMBG (Bedarfsgegenstände nur hinsichtlich ihrer stofflichen Beschaffenheit) unterliegen, mit Ausnahme von Bestimmungen über Warnungen und Rückruf (s. auch → Vorwort und → Abschnitt 3.2.1)

[4] LRE = Sammlung lebensmittelrechtlicher Entscheidungen (zitiert nach Band und Seite) Carl Heymann, Köln

Neben der Gesetzgebung existieren noch andere Regelungen, die bei Beurteilungen von Lebensmitteln und/oder der Einhaltung der Sorgfaltspflicht herangezogen werden können; ohne Anspruch auf Vollständigkeit seien hier die Leitsätze der Lebensmittelbuchkommission, Leitlinien der Industrie, Gerichtsentscheidungen und sog. Richterrecht genannt.

    • flankierende Vorgaben und Empfehlungen

Sollte allerdings ein Konsument durch ein in Verkehr gebrachtes Lebensmittel an seiner Gesundheit geschädigt werden, regelt das Bürgerliche Gesetzbuch (BGB) oder das Gesetz über die Haftung für fehlerhafte Produkte (Produkthaftungsgesetz) Schadensersatzansprüche.

    • gesetzliche Regelung: Haftung mit und ohne Verschulden

1.1
Sorgfaltspflicht

Das Lebensmittelrecht als sog. Schutzrecht hat – unabhängig nationaler Besonderheiten – die Aufgabe, den Verbraucher vor Gesundheitsschäden und vor Täuschungen wirksam zu schützen.

Allerdings obliegt auch dem Verbraucher gleichermaßen die Verpflichtung zur Einhaltung seiner Sorgfalt. Nicht selten erhält ein Lebensmittel die endgültige Qualität erst durch ihn.

Der Verbraucher beurteilt das ihm überlassene Lebensmittel nach seinen berechtigten Erwartungen an die Qualität dieses Produktes, besonders den Genußwert, den Nährwert, die Brauchbarkeit und die Funktionalität des Packmittels sowie an die Produktsicherheit. Für den Erhalt und die Nutzung dieser Qualität und Sicherheit ist er allerdings selbst verantwortlich, sobald das Lebensmittel sich in seinem Verfügungsbereich befindet.

    • Lebensmittelrecht = Schutzrecht

Dabei ist der Hersteller eines Lebensmittels wiederum verpflichtet, dem Konsumenten für die speziellen Handhabungen mit dem Lebensmittel hinreichend Informationen zu geben, um einen *ungewollten Fehlgebrauch* (s.a. Abb. 2.9) durch den Verbraucher auszuschließen.

Risikoanalysen in Bezug auf Produzenten- und Produkthaftung beschränken sich nicht nur auf den Herstellprozeß, ebensowenig enden sie an der Werkspforte des Lebensmittelproduzenten. Das gilt gleichermaßen für den Lebensmittelkonzern wie für den Partyservice, die Krankenhausküche und die Außer-Haus-Verpflegung der Fernküchen.

Grundsätzlich können bekannt gewordene Sicherheitsmängel, gleichgültig ob bei Lebensmitteln oder anderen Produkten, zu kaum kalkulierbaren finanziellen Verlusten sowie Vertrauensverlusten führen. Sie bedeuten also ein hohes Risikopotential (Abb.1.1).

Erdnußbutter schlecht-
7 Millionen Mark Strafe

Millionenstrafe für Lebensmittelhersteller ████: Ein Gericht in Melbourne (Australien) verdonnerte die Firma zur Zahlung von sieben Millionen australische Dollar (7 Mio. Mark) Schadensersatz. Nach dem Verzehr von Müsliriegeln, Fertigsoßen und Brotaufstrich, in denen Erdnußbutter enthalten war, erkrankten 2362 Menschen an einer Salmonellenvergiftung und mußten im Krankenhaus behandelt werden. Jeder Erkrankte bekommt jetzt zwischen 2750 und 3798 Mark Entschädigung.

BamS 45. Jahrgang, Nr. 35 Seite 6 (30. August 1998)

Abb. 1.1. Haftpflicht- und Imageschaden

Wie kostspielig ein ggf. zu ergreifender Produktrückzug sein kann, soll an den nachstehenden Beispielen verdeutlicht werden, die sich Mitte 1993[5] und in der jüngsten Vergangenheit (Abb. 1.2) ereigneten.

---

[5] KASSEBOHM K, MALORNY C (1995) Strafrechtliche Maßstäbe für das Qualitätsmanagement. In: Qualitätsmanagement im Unternehmen: Grundlagen, Methoden und Werkzeuge, Praxisbeispiele (Hrg. HANSEN W, JANSEN HH, KAMISKE GF), Springer, Berlin Heidelberg New York

■ Kartoffelchips

Eine deutsche Keksfabrik mußte im Juni 1993 eine Rückholaktion ihrer sämtlichen im Handel befindlichen Kartoffelchips (3.000 Tonnen = 600 LKW-Ladungen) starten, weil diese mit salmonellenhaltigem Paprika gewürzt worden waren. Die unmittelbaren Kosten der Aktion beliefen sich dabei auf 33 Mio. DM. Damit verbunden war zusätzlich noch der Umsatzausfall von (mindestens) einer Monatsproduktion „Paprika-Snacks" in Höhe von 35 bis 40 Mio. DM. Um nicht noch einen erheblichen Imageverlust zu erleiden, investierte das Unternehmen darüber hinaus 3 Mio. DM in eine spezielle Werbe- und Aufklärungskampange.[6]

Leider war der Hersteller bei Pressemitteilungen bzgl. Seriosität schlecht beraten; man gestand die Salmonellenkontamination natürlich ein, versuchte aber mit dem Hinweis zu beschwichtigen, daß der *Grenzwert für Salmonellen nicht überschritten* worden sei.

• Informationen des Marketings müssen inhaltlich überprüft werden

Es gibt für Salmonellen aber keinen Grenzwert, der bei verzehrsfertigen Lebens- bzw. Genußmitteln überschritten werden darf. Die stetige Forderung bei Warn- und Grenzwerten für diese pathogenen Mikroorganismen lautet „abwesend" resp. „nicht nachweisbar".[7]

■ Bier/Bierflaschen

Nur einen Monat später, im Juli 1993, mußten zwei niederländische Brauereien insgesamt 200 Mio. Bierflaschen aus dem gesamteuropäischen Handel zurückholen, nachdem in mehreren Flaschen kleine Glassplitter in der Flüssigkeit gefunden worden waren. Die den Brauereien von einer

• fehlerhafter Bedarfsgegenstand

---

[6] BUCHENAU MW (1993) Kekshersteller will hohen Schadensersatz für seine aufwendige Rückholaktion fordern. Handelsblatt vom 14.08.1993, S. 13

[7] PICHHARDT K (1998) Lebensmittelmikrobiologie: Grundlagen für die Praxis, 4. Aufl. Springer, Berlin Heidelberg New York

niederländischen Glashütte gelieferten Flaschen waren so (mangelhaft) konstruiert, daß beim Öffnen der Flaschen regelmäßig feine Glaspartikel in das Bier gelangten. Der durch die Aktion unmittelbar entstandene finanzielle Schaden wurde von Unternehmensvertretern der Brauereien auf mindestens 20 Mio. Gulden beziffert.

■ Eier/Geflügel/Hühnerfutter

Die belgische Regierung warnte Mitte Juni 1999 vor den Verzehr von mit Dioxin belasteten Hühnereiern. Kurze Zeit später erstreckte sich die Warnung auf sämtliche vom Huhn stammenden Nahrungsmittel inkl. solcher, die Eiprodukte enthielten (z.B. Mayonnaise, Eierlikör etc). Die Umwelt- und Gesundheitsminister der EU stoppten Importe aus dem Mitgliedsstaat. Aus sämtlichen Regalen des Lebensmitteleinzelhandels wurde Produkte aus Belgien bzw. Lebensmittel mit anteiligen Komponenten aus Belgien restlos entfernt. Dieser Schaden kann durchaus als ein *GAU* (Größter anzunehmender Unfall) bezeichnet werden.

• Nach Berechnungen der belgischen Regierung verursachte der „Dioxin-Fall" einen Gesamtschaden von 10 Milliarden D-Mark

Die Quelle für die Kontamination der Hühnchen und Eiprodukte mit Dioxin war Hühnerfutter. Diesem Hühnerfutter war Maschinenöl beigemischt. Ob es sich bei dem Verarbeiten von altem Maschinenöl um einen Fehler eines Vorlieferanten, einem Fehler innerhalb der Herstellung oder aber um kriminelle Machenschaften handelte, um Motoren- oder Maschinenöl in der Nahrungskette zu „entsorgen", wird die Staatsanwaltschaft zu klären haben.

■ Cola-Getränk

Praktisch parallel zum Eier/Hühnerfutterfall erkrankten etwa 300 Jugendliche in Belgien und Frankreich an Übelkeit mit Magenkrämpfen, Kopfschmerzen und Schwindelanfällen nach dem Genuß eines Cola-Getränkes. Auch hier wurde von der belgischen Regierung ein Verkaufs-, aber auch ein Herstellverbot ausgesprochen. Das Verkaufs-

und Herstellverbot erstreckte sich neben dem Cola-Getränk auch auf die beiden anderen Limonaden-marken des Konzerns.

Aufgrund grenzüberschreitender Einkäufe durch Getränkevertreiber erstreckte sich die Fahndung nach gesundheitsgefährdender Cola über die Grenzen von Belgien bis nach Deutschland. Zur Zeit wird von einem Rückzug von etwa 80 Millionen Dosen/Flaschen gesprochen.

* Der Cola-Hersteller schätzt den finanziellen Schaden auf 60 Millionen Dollar

* Der Imageschaden ist noch nicht absehbar

....Zwar kann ████-Cola in allem Unglück noch von Glück reden, daß die Beschwerden von Franzosen und Belgiern beklagt werden. Wäre etwas vergleichbares in den Vereinigten Staaten passiert, wäre der Aktienkurs vor dem Hintergrund der Rückrufschädigung, vor allem aber der zu erwartenden Schadensersatzklagen wahrscheinlich eingebrochen.

F.A.Z. vom 19. Juni 1999, Nr. 139 (Wirtschaft)

Abb. 1.2. Finanzmarktbezogene Schadensersatzrisiken

Oftmals spricht man auch von einem Kompetenzverlust in Sachen sichere Produkte. Da das Management auch die strafrechtliche Verantwortung trägt, besteht zudem für die betroffenen Führungskräfte persönlich die Gefahr von Geldbußen oder Haftstrafen.

Trotz dieser erheblichen Risiken für Management und Unternehmen kommt es allein in den alten Bundesländern Jahr für Jahr zu rund 20.000 (!) strafrechtlichen Ermittlungsverfahren im Zusammenhang mit der Verwirklichung von Produktrisiken.[8]

Ob der Mut zum Risiko gestiegen oder potentiell vorhandene Kenntnis zu Unkenntnis geschmälert ist

* Sind die Rechtsfolgen einer fehlerhaften Qualität auch wirklich bekannt?

---

[8] GOLL E U.A. (1989) Strafrechtliche Produktverantwortung, in: Produkthaftungshandbuch Band I: Vertragliche und deliktische Haftung, Strafrecht und Produkthaftpflichtversicherung. C.H. Beck, München

oder aber der Stand der Technik und der Wissenstand nicht realistisch eingeschätzt wird, ist ungeklärt.

Zur Vermeidung zivil- und strafrechtlicher Produktverantwortung ist es *an erster Stelle* für die Unternehmensleitung sowie für den von ihr berufenen Qualitätsbeauftragten (in handwerklichen oder gastronomischen Betrieben der Betriebsinhaber) erforderlich, zumindest Grundlagenkenntnisse der Rechtsfolgen von Produkten nicht zufriedenstellender Qualität zu besitzen (s. Kapitel 2). Der *zweite* wichtige Anspruch an die Geschäftsleitung großer und mittlerer Unternehmen ist, daß konkrete Organisationspflichten befolgt werden. CRAMER folgert deshalb in seinem Kommentar zum Strafgesetzbuch (StGB):[9]

* ein wirksamer Organisationsplan muß die 7 Pflichtenkreise berücksichtigen

„Folglich ist es die erste Pflicht der für das Unternehmen handelnden Organe, durch einen Organisationsplan sicherzustellen, daß die Sorgfaltsanforderungen auf die verschiedenen Ebenen innerhalb des Unternehmens so verlagert und innerhalb der gleichen Ebene so modifiziert werden, daß schädliche Erfolge vermieden werden, sofern alle Beteiligten die gerade ihnen obliegende Pflicht erfüllen. So ist etwa ein Unternehmen klar und überschaubar zu organisieren und zudem sicherzustellen, daß jeweils ein Mitarbeiter für einen Produktions- oder Vertriebsbereich persönlich verantwortlich ist. "

Inwiefern solchen Forderungen der rechtswissenschaftlichen Literatur praxisgerecht nachgekommen werden kann, wird unter 2.3.1.3 sowie im Abschnitt 3.1 behandelt.

* Produktbeobachtung

Der Hersteller haftet darüber hinaus auf Grund eines Produktbeobachtungsfehlers, wenn er nach Einführung neuer Produkte – aber auch bei einer Anwendungserweiterung durch den Konsumenten („ungewollter Fehlgebrauch") bei eingeführten Produkten – diese am Markt nicht beobachtet. Zu dieser Pflicht gehört u.a. auch die Beobachtung gattungsgleicher Produkte der Mitbewerber und das Studium nationalen und internationalen Schrifttums, einschließlich der Tagespresse (s.a. Abb. 3.12).

---

[9] CRAMER P U.A. (1991) Strafgesetzbuch – Kommentar, 24. Auflage. C.H. Beck. München

Nach der neueren Rechtsprechung enden Sicherungspflichten des Warenherstellers nicht mit der Freigabe seiner Waren für Dritte. Erhält der Hersteller im Rahmen seiner Produktbeobachtung Kenntnis von Gefahren seines im Markt befindlichen Produktes, ist er verpflichtet, alles zu tun, was ihm nach Umständen zumutbar ist, diese Gefahren abzuwenden.[10] Unterläßt ein Warenhersteller einen gebotenen Produktrückruf, so haftet er für Schadensfolgen.[11]

Unterlassungen werden ebenso bestraft wie aktives Tun.

Abschnitt 3.2 widmet sich dem Thema des Produktrück- und Produktwarnrufs innerhalb eines Krisenmanagement.

FREIGABE

- Analysen können Sorgfaltspflichten unterstützen, keinesfalls aber ersetzen! „Qualitätskontrolle" ist nicht das gute Gewissen der Organisation!

- § 13 Strafgesetzbuch

- Unabhängigmachen von Krisen

1.1.1
Lebensmittelhygiene-Verordnung – Ausschluß der Haftung im Schadensersatzrecht?

Mit der Richtlinie 93/43/EWG des Rates vom 14. Juli 1993 über Lebensmittelhygiene und mit Umsetzung in nationales Recht durch die Lebensmittelhygiene-Verordnung (LMHV) wurde ein neues Eigenkontrollkonzept eingeführt. Damit erfolgt eine Systematisierung und Konkretisierung betrieblicher Eigenkontrollen durch vorgegebene Grundsätze, die dem von der FAO[12]/WHO[13] Codex Alimentarius-Kommis-

---

[10] Produktsicherheitsgesetz (ProdSG) vom 22. April 1997 (BGBl. I S. 934)

[11] Bundesgerichtshof, 6. Juli 1990, LRE 25,33

[12] Food and Agriculture Organization

[13] World Health Organization = Weltgesundheitsorganisation

sion entwickelten, international anerkannten HACCP-(Hazard Analysis and Critical Control Point) System[14] entnommen sind.

In § 4 Abs. 1 der LMHV werden die in Artikel 3 Satz 2 der EG-Richtlinie aufgeführten Grundsätze des HACCP-Systems umgesetzt.

Lebensmittelhygiene-Verordnung
§ 4. Betriebseigene Maßnahmen und Kontrollen

(1) Wer Lebensmittel herstellt, behandelt oder in den Verkehr bringt, hat durch betriebseigene Kontrollen die für die Entstehung gesundheitlicher Gefahren durch Faktoren biologischer, chemischer oder physikalischer Natur kritischen Punkte im Prozeßablauf festzustellen und zu gewährleisten, daß angemessene Sicherungsmaßnahmen festgelegt, durchgeführt und überprüft werden. Dies erfolgt durch ein Konzept, das der Gefahrenidentifizierung und -bewertung dient, zu deren Beherrschung beiträgt und folgenden Grundsätzen genügt:

1. Analyse dieser Gefahren in den Produktions- und Arbeitsabläufen beim Herstellen, Behandeln und Inverkehrbringen von Lebensmitteln,

2. Identifizierung der Punkte in diesen Prozessen, an denen diese Gefahren auftreten können,

3. Entscheidung, welche dieser Punkte die für die Lebensmittelsicherheit kritischen Punkte sind,

4. Festlegung und Durchführung wirksamer Sicherungsmaßnahmen und deren Überwachung für diese kritischen Punkte und

5. Überprüfung der Gefahrenanalyse, der kritische Punkte und der Sicherungsmaßnahmen und deren Überwachung in regelmäßigen Abständen sowie bei jeder Änderung der Produktions- und Arbeitsabläufe beim Herstellen, Behandeln und Inverkehrbringen von Lebensmitteln.

Ziel des neuen Kontrollkonzeptes ist es, die gesundheitliche Unbedenklichkeit der Lebensmittel von der Herstellung bis zur Abgabe an den Verbraucher zu gewährleisten.

- gesundheitliche Unbedenklichkeit in:
  mikrobiologischer, physikalischer und chemischer Hinsicht

---

[14] System einer Gefahrenanalyse zur Ermittlung kritischer Gefährdungspunkte zum Ziel der Einflußnahme auf die Lebensmittelsicherheit und Beherrschbarkeit durch zuverlässige Prüf- und Überwachungsmaßnahmen

Schadensersatzansprüche wegen des Inverkehrbringens fehlerhafter Produkte richten sich entweder nach dem allgemeinen Deliktsrecht (§ 823 BGB) oder nach dem Produkthaftungsgesetz (ProdHaftG) vom 15.12.1989 (BGBl. I s. 2198).

Diese zivilrechtliche Schadensersatzpflicht ist ein eigenständiger Rechtsbereich, der von der LMHV nicht unmittelbar beeinflußt wird.

Immer wieder steht die Frage im Raum, ob mit Einführung eines HACCP-Konzeptes ein Ausschluß der Haftung im Schadensersatzrecht verbunden ist oder aber der Gesetzgeber das Haftungsrecht in Anbetracht des Grundgedankens der betriebseigenen Maßnahmen und Kontrollen – nämlich die gesundheitliche Unbedenklichkeit eines Lebensmittels zu gewährleisten – ändern kann?

BÖHM und TEUFEL verweisen in ihrem Kommentar zu § 1 (Geltungsbereich) der LMHV auch auf eine Stellungnahme des Bundesministeriums der Justiz (BMJ), welches von einem Bundesverband gebeten worden war, zu prüfen, ob das Produkthaftungsgesetz oder die Lebensmittelhygiene-Verordnung dahingehend geändert werden könne, daß eine nachgewiesene Erfüllung der Bedingungen der LMHV einen Haftungsausschluß nach dem ProdHaftG ermöglicht. Das BMJ hat dies mit den nachfolgenden Argumenten verneint: [15]

„Ein Haftungsausschluß verstieße gegen die EG-Produkthaftungs-Richtlinie und ist schon deshalb nicht zulässig. Im übrigen wäre er auch der Sache nach nicht gerechtfertigt. Das Produkthaftungsgesetz will durch die Schaffung einer Gefährdungshaftung eine klare Rechtslage für durch fehlerhafte Produkte geschädigte Verbraucher schaffen. Unabhängig davon, ob der Hersteller eines Produktes bei Herstellung und Vertrieb hohen gesetzli-

---

[15] BÖHM HD, TEUFEL P (1997) Das neue Lebensmittelhygienerecht. TH. Mann, Gelsenkirchen, S. 65

- Dokumentation eines
  HACCP-Konzeptes

- Haftungsausschluß nach
  § 823 BGB ist
  möglich

- Sorgfaltspflicht

chen Anforderungen unterliegt oder nicht, haftet er bei einem Fehler des Produkts. Auf ein Verschulden kommt es nicht an, also auch nicht auf die Verletzung von Sorgfaltspflichten. Deshalb besteht auch kein Grund dafür, für Produkte, für die hohe Sorgfaltsanforderungen bestehen (das sind neben Lebensmitteln noch viele andere, z.B. Kraftfahrzeuge, Arbeitsgeräte etc.), einen generellen Haftungsausschluß vorzusehen. Vielmehr würde ein derartiger Haftungsausschluß für eine bestimmte Produktkategorie letztlich Sinn und Zweck des Produkthaftungsgesetzes, nämlich allgemein auf das Verschulden zu verzichten, widersprechen. Wie bei allen Produkten tritt die Produkthaftung nur bei einem Fehler des Produktes ein. Für das Vorliegen eines Fehlers ist der Geschädigte beweispflichtig. Dem Gastronom, der sämtlichen lebensmittelrechtlichen und hygienischen Verpflichtungen nachgekommen ist und diese dokumentiert hat, wird es in der Regel gelingen, einen möglichen Beweis des ersten Anscheins durch den Geschädigten zu entkräften. Wenn darauf hin der Geschädigte Tatsachen vorträgt und unter Beweis stellt, die noch für einen Fehler aus dem Bereich des Gastronomen sprechen, so ist es Sache des Gerichts, im Rahmen der freien Beweisführung darüber zu entscheiden. Ein Gericht kann durchaus Aussagen von Zeugen für nicht glaubhaft halten. Im übrigen gilt hier für Lebensmittel auch nichts anders als für alle anderen Produkte. Die grundsätzliche Offenheit eines Prozeßausganges je nach Vortrag und Beweisangeboten der jeweiligen Parteien ist Ausfluß der Unabhängigkeit der Gerichte und rechtfertigt keine Gesetzesänderung. In der Praxis würde ein entsprechender Haftungsausschluß wohl auch wenig nutzen, da die Rechtsprechung nach den Grundsätzen der allgemeinen Produkthaftung die Sorgfaltspflichtverletzung vermuten würde und dem Hersteller der Entlastungsbeweis regelmäßig schwer fallen würde. Im übrigen gelten die Haftungsausschlüsse des § 1 Abs. 2 ProdHaftG grundsätzlich auch für Lebensmittel, auch wenn sie nur selten Anwendung finden werden. So greift aber beispielsweise § 1 Abs. 2 Nr. 2 ProdHaftG ein, wenn ein Verbraucher ein gekauftes Lebensmittel unsachgemäß lagert, so daß es verdirbt, und dann nach dem Genuß desselben erkrankt. Eine Ergänzung der LMHV mit dem Ziel des Ausschlusses der Haftung nach dem ProdHaftG bei Erfüllung der Anforderungen des LMHV kann ebenfalls nicht in Betracht kommen. Die LMHV regelt die öffentlich-rechtlichen, teilweise durch betriebliche Eigenkontrollsysteme ergänzten Anforderungen an die Herstellung und Beschaffenheit von Lebensmitteln. Zivilrechtliche Fragen, wie z.B. die haf-

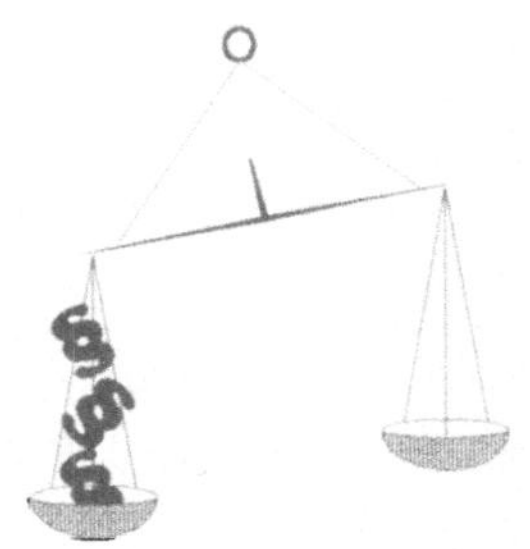

tungsbegründenden Tatbestandsvoraussetzungen für Scha-
densersatzansprüche nach dem ProdHaftG bleiben hier-
von unberührt. Entsprechende Regelungen werden über-
dies durch die gesetzlichen Ermächtigungen zum Erlaß
der LMHV in den §§ 10 und 19a LMBG nicht gedeckt.
Diese rechtlich gebotene Trennung öffentlich-rechtlicher
und zivilrechtlicher Regelungen sollte aus Gründen der
Rechtssystematik auch beibehalten werden. "

Zu § 4 (Betriebseigene Maßnahmen und Kontrollen)
der LMHV und hier zur Dokumentation bemerkt die
amtliche Begründung: [16]

„Die Betriebe werden zur Durchführung von betriebsei-
genen Kontrollmaßnahmen auf der Grundlage der in § 4
Absatz 1 aufgeführten fünf Grundsätze des HACCP-Kon-
zeptes verpflichtet. Das neue Kontrollkonzept setzt vor-
aus, daß die allgemeinen Hygieneanforderungen des § 3
eingehalten sind. Es besteht nach § 41 des Lebensmittel-
und Bedarfsgegenständegesetzes die Verpflichtung, die in
den Betrieben durchgeführten Kontrollmaßnahmen ge-
genüber den Überwachungsbehörden darlegen zu kön-
nen. Es wird – auch unter Produktionshaftungsgesichts-
punkten – dringend empfohlen, die Durchführung der
Eigenkontrollen durch das Führen eigener betrieblicher
Aufzeichnungen (Dokumentation) zu belegen. "

• 2. Pflichtenkreis
  (s. auch 2.3.1.3)

---

[16] Bundesratsdrucksache 332/97 (zit. aus BÖHM HD, TEUFEL P
(1997) Das neue Lebensmittelhygienerecht. TH. Mann, Gelsen-
kirche, S. 73)

2
Rechtsfolgen bei fehlerhafter Produktbeschaffenheit

Die Frage wie sicher ein Lebensmittel zu sein hat, kann indirekt mit der Feststellung beantwortet werden, daß die Lebensmittel herstellenden Betriebe – gleichgültig ob sie der Industrie oder dem Handwerk, der Großverpflegung oder der Gastronomie zuzuordnen sind – neben der pharmazeutischen Industrie die einzigen sind, deren Produkte bestimmt sind, vom Verbraucher in seinem Körper aufgenommen zu werden.

Wenn Qualität definiert wird als *Übereinstimmung mit vorhandenen oder zugesicherten Anforderungen des Kunden – Anforderungen bezüglich Beschaffenheit, Nähr- und Genußwert, Brauchbarkeit, Sicherheit, Preis, Beratung* – so gilt die Produktsicherheit als nur ein Aspekt unter diversen Qualitätskriterien, wenn auch als das wichtigste.

Jeder Hersteller eines Produktes ist bestrebt mängelfreie Produkte zu liefern und zu verkaufen; wo ein Handel zwischengeschaltet ist, trifft dieses selbstverständlich auch dort zu.

Verursacht ein Produktfehler einen Gesundheitsschaden oder fällt das verkaufte Produkt durch Nichterfüllung erwarteter oder zugesagter Kundenforderungen auf, sorgen unzufriedene Verbraucher dafür, daß sowohl dem Produkt als auch dem Unternehmen ein entsprechendes Prädikat verliehen wird. Wenn auch ein Hersteller gegen die Folgen einer fehlerhaften, die Gesundheit beeinträchtigenden Produktes gut haftpflicht versichert ist, hilft das nur, die direkten finanziellen Folgen zu tragen, nicht aber seinem angeschlagenen Ruf.

Jede Tätigkeit und jede Handlung schafft Risiken. So können auch Lebensmittel und Lebensmittelzubereitung eine Reihe von Risiken bergen, die beim Konsumenten einen gesundheitlichen Schaden nach sich ziehen und so ggf. durch Produzentenhaftung und oder Produkthaftung einen Betrieb bis an seine existentiellen Grenzen treiben können.

Ein fehlerhaftes Produkt kann in Bezug auf die rechtlichen Folgen drei Rechtsgebiete beschäftigen, nämlich das Straf-, Polizei- und Zivilrecht (Abb. 2.1).

- Rechtsgebiete
  (Ordnungsrecht ist
  Polizeirecht)

Zivilrecht (außervertragliche Haftung)	Polizeiordnungsrecht (Sorgfaltspflicht)	Strafrecht
Schadensausgleich zwischen natürlichen (Bürgern) und juristischen Personen (Unternehmen)	Untersagung/Verbote, Bußgeld bei Verletzung des Ordnungsrechts	Freiheits-/Geldstrafe bei Straftaten
PERSON ◄─► PERSON	STAAT (BEHÖRDEN/ GERICHTE) ↓ PERSON	STAAT (GERICHTE) ↓ PERSON
Bürgerliches Gesetzbuch § 823 BGB Schadensersatzpflicht Produkthaftungsgesetz § 1 ProdHaftG Haftung	Lebensmittel- und Bedarfsgegenstände-gesetz §§ 53,54 58, 59 LMBG Ordnungswidrigkeiten Ordnungswidrigkeiten-gesetz § 130 OWiG Aufsichtspflicht (Sorgfaltspflicht)	Lebensmittel- und Bedarfsgegenstände-gesetz §§ 51, 52, 56, 57 LMBG Straftaten Strafgesetzbuch §§ 223, 230 StGB Körperverletzung, Fahrlässige Körperverletzung

Abb. 2.1. Flankierendes Rechtssystem zur Lebensmittelsicherheit

2.1
Lebensmittelrecht

Das Lebensmittelrecht ist ein „Schutzrecht" für den Verbraucher. Wie bereits einleitend erwähnt, gibt das

Lebensmittel- und Bedarfsgegenständegesetz den großen lebensmittelrechtlichen Rahmen vor. Verstöße gegen das LMBG selbst, gegen Nebengesetze oder Verordnungen, die auf der Ermächtigungsgrundlage des §§ 19, 19a LMBG basieren, können nach § 51ff als Straftat oder als Ordnungswidrigkeit geahndet, weiterhin Verbote durch die Ordnungsbehörden ausgesprochen werden.

Um mit dem § 8 und insbesondere hier Absätze 1 und 2 des Lebensmittel- und Bedarfsgegenständegesetzes in Einklang zu kommen, ist es erforderlich, sich mit den Risikopotentialen, insbesondere bei der Herstellung, Behandlung und dem Inverkehrbringen von Lebensmitteln, auseinanderzusetzen.

Weitere Aspekte wie bspw. die Planung und Entwicklung neuer Lebensmittelprodukte inkl. der technologischen Prozesse und der Umgang mit Produkten nach dem Inverkehrbringen durch den „vernünftigen" Konsumenten sind in einer Risikobetrachtung einzubeziehen.

***Lebensmittel- und Bedarfsgegenständegesetz
§ 8. Verbote zum Schutz der Gesundheit***

Es ist verboten,

1. *Lebensmittel für andere derart herzustellen oder zu behandeln, daß ihr Verzehr geeignet ist, die Gesundheit zu schädigen;*

2. *Stoffe, deren Verzehr geeignet ist, die Gesundheit zu schädigen, als Lebensmittel in den Verkehr zu bringen;*

3. *Erzeugnisse, die keine Lebensmittel sind, bei denen jedoch auf Grund ihrer Form, ihres Geruchs, ihrer Farbe, ihres Aussehens, ihrer Aufmachung, ihrer Etikettierung, ihres Volumens oder ihrer Größe vorhersehbar ist, daß sie von den Verbrauchern, insbesondere von Kindern, mit Lebensmitteln verwechselt und deshalb zum Munde geführt, gelutscht oder geschluckt werden können (mit Lebensmitteln verwechselbare Erzeugnisse), derart für andere herzustellen oder zu behandeln oder in den Verkehr zu bringen, daß infolge ihrer Verwechselbarkeit mit Lebensmitteln eine Gefährdung der Gesundheit hervorgerufen wird; dies gilt nicht für Arzneimittel, die einem Zulassungs- oder Registrierungsverfahren unterliegen.*

- Gesundheitsschutz: Verstöße gegen § 8 LMBG werden als Straftat gewertet

- Erkrankung nach Verzehr eines Lebensmittels

- Fahrlässigkeit konnte bewiesen werden

- Verderb eines Produktes ohne Gesundheitsgefahr

- Schutz vor Täuschung: Verstöße gegen § 17 LMBG werden i.d.R. als Ordnungswidrigkeiten gewertet

Kommt es nach dem Verzehr eines in Verkehr gebrachten Lebensmittels – welches geeignet ist, die Gesundheit zu schädigen – zu einer Gesundheitsbeeinträchtigung, ist auch eine Ahndung u.a. nach den §§ 223 und 230 StGB möglich.

Strafgesetzbuch
§ 230. Fahrlässige Körperverletzung
Wer durch Fahrlässigkeit die Körperverletzung eines anderen verursacht, wird mit Freiheitsstrafe bis zu drei Jahren oder mit Geldstrafe bestraft.

Beispiel für fahrlässige Körperverletzung[18]:

– Bei einer Familienfeier in einer Gaststätte erkrankten nach dem Genuß von Rinder- und Schweinefilet 13 Personen. Es werden Staphylokokken[19] in hohen Keimzahlen nachgewiesen. Der Gastwirt wurde mit einer Strafe wegen fahrlässiger Körperverletzung belegt.

Auch können Nahrungsmittel, ohne eine Gesundheitsgefährdung hervorzurufen, nach § 17 und hier insbesondere nach Absatz 2b Lebensmittel- und Bedarfsgegenständegesetz bzgl. Nähr-, Genußwert und ihrer Brauchbarkeit nicht unerheblich in ihrem Wert gemindert sein, so daß das herstellende Unternehmen zumindest mit einen Verlust seines Ansehens resp. seines guten Rufs, was ebenfalls auch den Verlust „barer Münze" nach sich ziehen kann, rechnen muß.

Lebensmittel- und Bedarfsgegenständegesetz
§ 17. Verbote zum Schutz vor Täuschung (Auszug)
(1) Es ist verboten,
1. zum Verzehr nicht geeignete Lebensmittel oder Lebensmittel, die entgegen den Vorschriften des § 31

---

[18] nach RÜZTLER H (1997) in: Lebensmittelrechtshandbuch VII. C, 287:13 (zitiert nach Teil, Randnummer und Seite) C.H. Beck, München

[19] eitererregender Mikroorganismus, der in der Lage ist, ein hitzestabiles Toxin (Giftstoff) zu bilden. Dieses Toxin kann zu Magen-Darmerkrankungen führen. Als Symptom für diese Erkrankung gilt das Erbrechen nach 0,5 bis 8 Stunden nach Verzehr des kontaminierten Lebensmittels

> *hergestellt oder behandelt worden sind, als Lebensmittel gewerbsmäßig in den Verkehr zu bringen;*
>
> 2.a *nachgemachte Lebensmittel,*
>   b *Lebensmittel, die hinsichtlich ihrer Beschaffenheit von der Verkehrsauffassung abweichen und dadurch in ihrem Wert, insbesondere in ihrem Nähr- oder Genußwert oder in ihrer Brauchbarkeit nicht unerheblich gemindert sind oder*
>
>   c *Lebensmittel, die geeignet sind, den Anschein einer besseren als der tatsächlichen Beschaffenheit zu erwecken, ohne ausreichende Kenntlichmachung gewerbsmäßig in den Verkehr zu bringen*

Beispiele für Verderb ohne Gesundheitsgefahr:

– Das angebotene Produkt „Frische Trinkmilch" erfuhr durch eine Kontamination mit Milchsäurebildner eine Dicklegung („sauer geworden"). Die Milch ist somit in ihrem Genußwert nicht unerheblich gemindert, da sie als *Frischmilch* nicht mehr verzehrsfähig ist.

– Marzipanbrote weisen geplatzte Schokoladenüberzüge und einen gärigen Geschmack auf. Ursache für diesen Verderb ist eine Kontamination mit osmotoleranten Hefen.[20]

Die Ahndung von Verstößen gegen lebensmittelrechtliche Regelungen setzt stets ein Verschulden voraus!

2.2
Ordnungswidrigkeiten

Eine Sorgfaltspflicht ergibt sich auch aus dem Gesetz über Ordnungswidrigkeiten (OWiG).

Gesetz über Ordnungswidrigkeiten
§ 130. Aufsichtspflicht
Wer als Inhaber eines Betriebes oder Unternehmens vorsätzlich oder fahrlässig die Aufsichtsmaßnahmen unter-

• Verletzung der Sorgfaltspflicht

---

[20] PICHHARDT K (1998) Lebensmittelmikrobiologie: Grundlagen für die Praxis, 4. Aufl. Springer, Berlin Heidelberg New York

*läßt, die erforderlich sind, um in dem Betrieb oder Un-
ternehmen Zuwiderhandlungen gegen Pflichten zu ver-
hindern, die den Inhaber als solche treffen und deren
Verletzung mit Strafe oder Geldbuße bedroht ist, handelt
ordnungswidrig, wenn eine solche Zuwiderhandlung be-
gangen wird, die durch gehörige Aufsicht verhindert
oder wesentlich erschwert worden wäre. Zu den erforderlichen Aufsichtsmaßnahmen gehören auch die Bestellung, sorgfältige Auswahl und Überwachung von Auf-
sichtspersonen.*

Dem Inhaber gleichgestellt sind

- gesetzlicher Vertreter
- Mitglieder der Geschäftsleitung
- vertretungsberechtigte Gesellschafter
- Beauftragte, die den Betrieb oder das Unternehmen ganz oder teilweise selbständig leiten

Beispiel für eine Gleichstellung

– Zungenwurst roch säuerlich und schmeckte sauer.
  Der **Filialleiter** durfte sich nicht auf das Mindest-
  haltbarkeitsdatum verlassen. Er hätte die Ware
  täglich prüfen müssen (Kammergericht Berlin,
  14.10.1986, LRE 20, 130).

Der Pflichtenkatalog zur Sorgfaltserfüllung läßt sich
in **drei Schwerpunkten**[21] ordnen – und zwar

- Erkundungs-,
- Prüfungs- und
- Vertretungspflicht/Delegation.

2.3
Zivilrechtliche Haftung

Bei der zivilrechtlichen Haftung geht es nicht um die
Bestrafung einer schadensverursachenden Person, sondern um das Einstehen für einen Schaden, in wel-
chem Umfang und unter welchen Voraussetzungen.

---

[21] BERTLING L (1997) in: Lebensmittelrechtshandbuch III. B, 63
bis 79, C.H. Beck, München

Marginal notes (left column):

- Entscheidungsbefugnis!
- Pflichtenkatalog zur Erfüllung der Sorgfalt
- Es geht nicht um eine Verantwortung im Sinne des Strafrechts

Zivilrechtliche und strafrechtliche Verantwortlichkeit sind zwei völlig differente Problemkreise (Abb. 2.2.), die unabhängig voneinander und anhand unterschiedlicher Gesetzesmaßstäbe (hier Bürgerliches Recht [BGB] – dort Ordnungsrecht [LMBG/OWiG] resp. Strafrecht [LMBG/StGB]) sowie in verschiedenen gerichtlichen Verfahren (hier Zivilprozeß/Zivilrichter und Zivilprozeßordnung [ZPO] – dort Strafprozeß/Strafrichter resp. Strafkammer entsprechend den Verfahrensschritten der Strafprozeßordnung [StPO]) geklärt und entschieden werden.

Die soeben dargestellten unterschiedlichen Problemkreise können unter Umständen – bei der gleichen Ursachenquelle eines Falles, nämlich „Fehlerhaftes Lebensmittel" – zu unterschiedlichen Ergebnissen der Urteile führen. Für Laien ist dieser Ablauf oftmals schwer oder gar nicht nachvollziehbar.

Bei ein und demselben Fall sind folgende Möglichkeiten gegeben:

- zuerst ein Straf- und dann ein Zivilverfahren (oder umgekehrt)
- beide Verfahren parallel
- nur ein Strafverfahren *oder* nur ein Zivilverfahren
- überhaupt kein gerichtliches Verfahren

So unterschiedlich wie die Verfahren selbst, so unterschiedlich können auch die Aussagen der Verfahren sein, sofern ein Zivil- und ein Strafverfahren (versetzt oder parallel) zur gleichen Ursache geführt wird; z.B. kann im Strafverfahren der schadenverursachende *Angeklagte* (mangels Schuld) freigesprochen werden, während der Zivilrichter ein Verursachen beim Schädiger, also beim *Beklagten* feststellt und damit dessen Haftung bejaht (oder auch umgekehrt, d.h. strafrechtliche Schuld, aber keine zivilrechtliche Haftung) oder es kann nach den einschlägigen Vorschriften des Zivilrechts auf ein Verschulden gar nicht ankommen (verschuldensunabhängige Haftung) und der Schadensverursacher deshalb schadenersatzpflichtig sein.

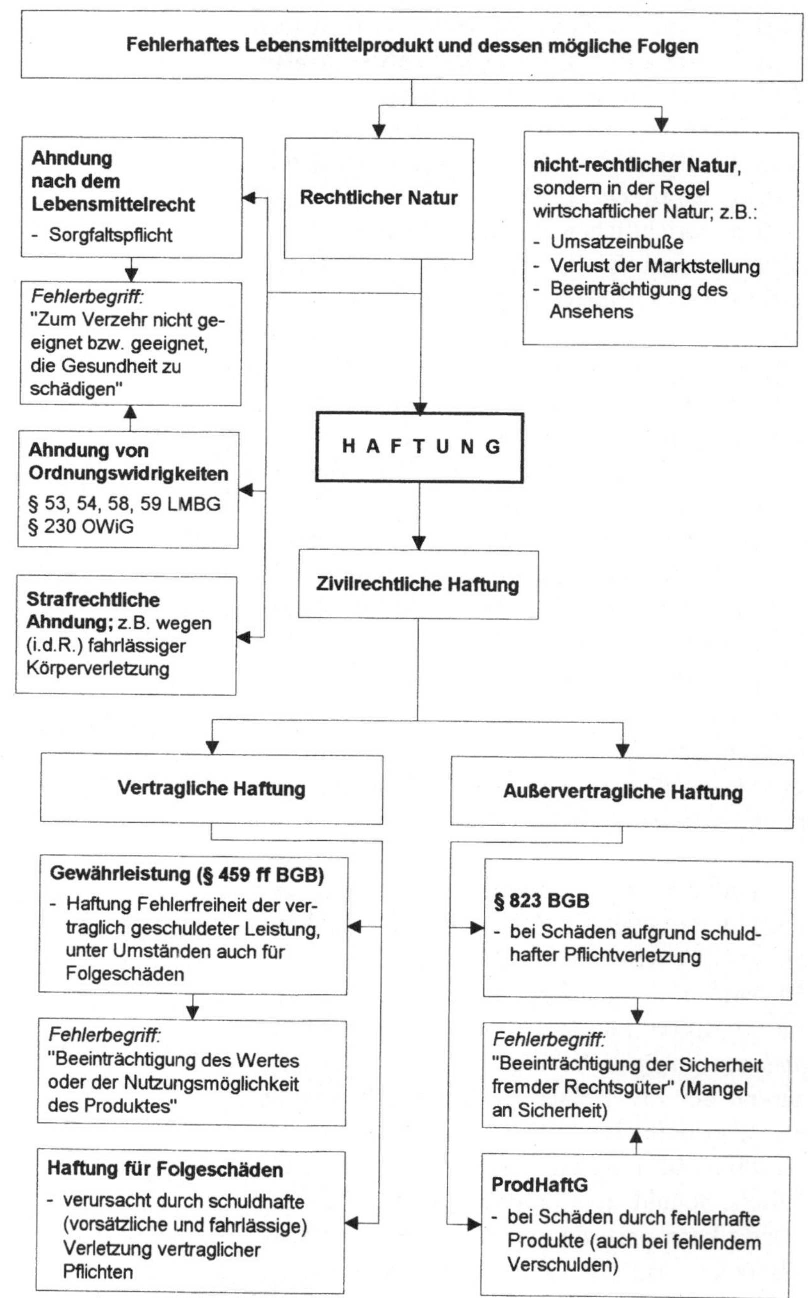

Abb. 2.2. Produktfehler und Folgen rechtlicher und nicht-rechtlicher Natur

Innerhalb der zivilrechtlichen Haftung wird noch zwischen der **außervertraglichen** und der **vertraglichen Haftung** unterschieden.

   • vertragliche und außervertragliche Haftung

Die *außervertragliche oder auch gesetzliche Haftung* greift – unabhängig davon, ob zwischen dem Geschädigten und dem Verursacher bzw. Ersatzpflichtigen eines Schadens vertragliche Beziehungen bestehen oder nicht –, wenn einem Geschädigten gegenüber dem Schadensverursacher unmittelbar auf dem Gesetz beruhende Schadensersatzansprüche zustehen. Solche Haftungsarten ergeben sich insbesondere zum einen aufgrund der Haftung nach § 823 des Bürgerlichen Gesetzbuches (s. 2.3.1), zum anderen nach dem Produkthaftungsgesetz (s. 2.3.2) und schließlich aufgrund von *speziellen Haftungsregelungen*. So enthält das Gentechnikgesetz (s. 2.3.2.7) spezielle Haftungsregelungen, die auch für die gesamte Lebensmittelwirtschaft von Interesse sind.

   • außervertragliche Haftung

   • spezielle Haftungsregelungen

Die *außervertragliche,* unmittelbar auf ein Gesetz beruhende Haftung soll den Konsumenten eines Lebensmittelproduktes bzw. Lebensmittelzubereitung – sei es industriell hergestellt oder gastronomisch zubereitet – vor Beeinträchtigungen durch andere schützen; unter Umständen allerdings nur an bestimmten Rechtsgütern, i.d.R. der Gesundheit bzw. Unverletztheit des Körpers (§ 823 BGB, § 1 ProdHaftG).

In Bezug der *außervertraglichen* Haftung ist es völlig gleichgültig, ob das gekaufte Lebensmittelprodukt (inklusive seines *bestimmungsgemäßen* Primärpackmittels) für den üblichen Zweck tauglich ist. Für das Fehlen der Tauglichkeit resp. der Funktionstüchtigkeit (Mangelschäden) ist die Gewährleistungshaftung (s. 2.3.3.1) das entsprechende Rechtsgebiet.

Für die *außervertragliche* Haftung ist ausschließlich die Sicherheit fremder Rechtsgüter entscheidend mit dem Ziel, dafür zu sorgen, daß der Schadensverursacher dem Geschädigten entsprechenden Schadensersatz leistet.

Wer eine Leistungspflicht vertraglich übernimmt, hat dafür einzustehen, daß die Leistung ordnungsgemäß erfüllt wird. Ansprüche aufgrund *vertraglicher Haftung* (2.3.3) können grundsätzlich nur zwischen Per-

   • vertragliche Haftung

sonen bestehen, die miteinander einen Vertrag geschlossen haben. In Betracht kommen hier insbesondere Verträge zwischen Kunde und Verkäufer, zwischen Auftraggeber (Lebensmittelhersteller) und Auftragnehmer (Rohstoff- und Packmittellieferant, auch Lohnfabrikant), **nicht aber** zwischen dem Lebensmittelhersteller und dem am Ende einer Absatzkette stehenden Konsumenten direkt – mit der Ausnahme, daß der Hersteller auch gleichzeitig Verkäufer ist, z.B. Bäckerei, Metzgerei, Gastronomie usw.

Auf Grund des zwischen Kunde und Verkäufer geschlossenen Kaufvertrages **haftet** jeder Verkäufer gegenüber seinem Kunden dafür, daß das gekaufte Produkt zum Zeitpunkt der Übergabe/des Inverkehrbringens (Abgabe an den Endverbraucher) nicht mit Fehlern[22] behaftet ist.

- Vertragsform

Es sei darauf aufmerksam gemacht, daß es für die Wirksamkeit eines Kaufvertrages nicht erforderlich ist, daß dieser in einer bestimmten Form, z.B. Schriftform, geschlossen wurde – auch mit dem Kauf eines einzigen Brötchens haben der Bäcker und der Kunde einen *mündlichen* Vertrag geschlossen.

Werden zwischen zwei Unternehmen Kaufverträge geschlossen, spricht man i.d.R. beim Kunden vom Auftraggeber und beim Verkäufer vom Auftragnehmer. Ein Lebensmittelhersteller vergibt also als Kunde Aufträge zur Lieferung von Rohstoffen, Packmitteln oder auch Dienstleistungen (z.B. Lohnfabrikationsaufträge als Werkverträge, s. auch 2.3.3.1).

- Gewährleistungshaftung

Der Auftragnehmer als Verkäufer haftet für die Fehlerfreiheit, für die Gebrauchsfähigkeit, Nutzungsmöglichkeit, Funktionstüchtigkeit und für Eigenschaften der sog. lebensmittelspezifischen Verkehrsauffassung (Vorsicht bei Werkverträgen!) sowie für

---

[22] In der jur. Terminologie werden – anders als im Sprachgebrauch des Qualitätsmanagement (s. DIN EN ISO 8402) – die Begriffe „Fehler" und „Mangel" synonym verwendet. Allerdings können die Begriffe „Fehler" resp. „Mangel" zwei verschiedene rechtliche Bedeutungen haben. Innerhalb der *vertraglichen Haftung* (Gewährleistungsrecht) bedeuten beide Begriffe Beeinträchtigung des Wertes oder der Nutzungsmöglichkeit; im Sinne des § 3 ProdHaftG *(außervertragliche Haftung)* einen Sicherheitsverlust.

das Vorhandensein etwaiger zugesicherter Eigenschaften. Er haftet ohne Rücksicht darauf, ob er einen etwaigen Mangel der Kaufsache zu vertreten hat oder nicht, sog. *Gewährleistungshaftung*

Neben der Gewährleistungshaftung gibt es noch die *Haftung aus positiver Vertragsverletzung* resp. vertragliche Haftung für Folgeschäden. Hierbei handelt es sich um Schäden, die über die gekaufte Sache hinaus an Rechtsgütern entstanden sind und nicht von der Gewährleistungshaftung erfaßt werden.

2.3.1
Deliktische Haftung –
Haftung nach § 823 BGB

Die deliktische Haftung nach § 823 BGB („Haftung aus unerlaubter Handlung") gehört zum Haftungsbereich der *außervertraglichen Haftung* (Abb.2.3).

> *Bürgerliches Gesetzbuch*
> *§ 823. Schadensersatzpflicht*
>
> *(1) Wer vorsätzlich oder fahrlässig das Leben, den Körper, die Gesundheit, die Freiheit, das Eigentum oder ein sonstiges Recht eines anderen widerrechtlich verletzt, ist dem anderen zum Ersatz des daraus entstehenden Schadens verpflichtet.*

• ein Verschulden wird vorausgesetzt

Durch diese Vorschrift des § 823 Abs. 1 BGB soll jedermann vor rechtswidrigen Beeinträchtigungen durch andere (hier durch fehlerhafte Lebensmittelprodukte, i.d.R. fehlerhaft im Sinne von gesundheitsbeeinträchtigend) geschützt werden und zwar unabhängig davon, ob zwischen dem Geschädigten *(i.d.R. der Konsument)* und dem Schadensverursacher *(i.d.R. der Lebensmittelinverkehrbringer)* vertragliche Beziehungen bestehen oder nicht.

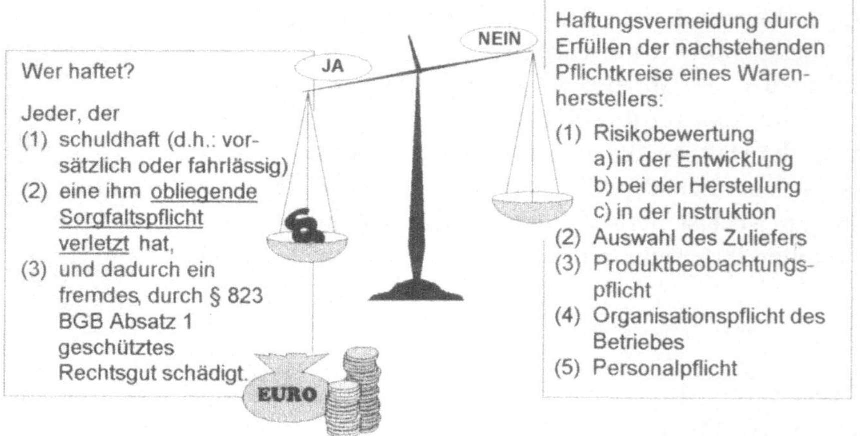

Abb. 2.3. Außervertragliche Haftung. Deliktische Haftung nach § 823 BGB

2.3.1.1
Bedeutung dieser Haftungsnorm

Der § 823 BGB stellt höhere Anforderungen an den Produzenten als das Produkthaftungsgesetz (2.3.2); eine Haftung tritt allerdings nur dann ein, wenn nachweislich die Sorgfaltpflicht verletzt oder vorsätzlich gehandelt wurde. Daher wird ein Produktgeschädigter versuchen, den einfacheren und schnelleren Weg einzuschlagen, um mit Hilfe des ProdHaftG Schadensersatz zu erlangen.

• Haftungsausschluß beim ProdHaftG

Allerdings verbleiben eine Reihe von Fällen, in denen auch nach dem ProdHaftG kein Schadensersatz erlangt werden kann, wenn nämlich z.B.

■ Schmerzensgeld begehrt wird,
■ Ersatz von Schäden an „privaten" Sachgütern bis DM 1.125,- begehrt wird,

- ein fehlerhaftes *unverarbeitetes* landwirtschaftliches Naturprodukt oder Jagderzeugnis den Schaden verursachte.

  Mit der Umsetzung der novellierten EG-Produkthaftungsrichtlinie wird der letzte Punkt entfallen.

In den aufgezählten Fällen bleibt einem produktgeschädigten Konsumenten nur der Weg über den § 823 Abs. 1 BGB.

2.3.1.2
Haftungsvoraussetzungen

Nach § 823 Abs. 1 des Bürgerlichen Gesetzbuches haftet Kraft Gesetz **jeder**, der

- **vorsätzlich** oder **fahrlässig** seine **Pflicht verletzt**;
- dadurch (ursächlich) das **Leben,** den **Körper,** die **Gesundheit** etc.
- eines **Betroffenen schädigt**.

Anders als beim Produkthaftungsgesetz knüpft die Haftung nach § 823 BGB an eine schuldhafte Pflichtverletzung an.

Ein Produkt ist danach fehlerhaft, wenn es einen vermeidbaren Mangel an Sicherheit aufweist und zudem dieser Sicherheitsmangel auf eine **schuldhafte Pflichtverletzung** des Herstellers zurückzuführen ist.

2.3.1.3
Pflichtenkreis des Lebensmittelherstellers

Bezugnehmend auf die Haftungsvoraussetzung bei der Anwendung des § 823 BGB stellt sich die zentrale Frage:

„Welche Pflichten hat der Hersteller eines Lebensmittelproduktes"?

- In einer Person müssen erfüllt sein:
  - schuldhafte Pflichtverletzung
  - Ursächlichkeit
  - geschütztes Rechtsgut einer anderen Person
  - Schaden

- Verschuldenshaftung

• Herstellerpflichten
erkennen!

Wie bereits bemerkt, haftet der Hersteller nur im Falle einer schuldhaften Verletzung seiner (Sorgfalts-) Pflichten. Allerdings bedeutet das für den Hersteller, daß er eine Verletzung nur dann vermeiden kann, wenn er seine Pflichten kennt und entsprechende Risikobetrachtungen durchgeführt hat!

Die Rechtsprechung hat bislang *sieben Pflichtenkreise* eines Warenherstellers herausgearbeitet; diese Pflichtenkreise sind unabhängig von der Art der Produkte, insbesondere auch unabhängig davon, ob es sich um Teil- oder Endprodukte handelt.

Die Pflichtenkreise im einzelnen:

• 1. Pflichtenkreis

■ *Planungs- und Entwicklungspflichten*

Inhalt der Planungs-[23] und Entwicklungspflicht ist die Forderung, daß ein Nahrungsmittelprodukt inklusive seiner Verpackung ordnungsgemäß, sach- und zweckgerecht konzipiert sein muß; d.h. es muß dem gesicherten Stand der Wissenschaft und Technik[24] entsprechend sicher und ungefährlich geplant (also zunächst gedanklich sicher konzipiert) sein. Die Pflichten bei der Planung und Entwicklung sind also Pflichten zur Vermeidung von Schadensursachen auf primär planerischer Ebene.

Dieses gilt allerdings nicht für solche Gefahren, die typischerweise mit der Benutzung von Produkten verbunden sind und von den Erwerbern erkannt und in Kauf genommen werden. Bei Nichtbeachtung solcher allgemein bekannter Gefahrenpotentiale durch den Konsumenten besteht keine Verantwortlichkeit des Planers und Entwicklers.

• Stand der Wissenschaft
und Technik berücksichtigen

Die Planungs- und Entwicklungsverantwortung gebietet daher ein vollständiges Erfassen der technischen (Apparate, Maschinen, Packmittel) sowie lebensmittelwissenschaftlichen (Technologie/Chemie im Sinne von Stoffumwandlungen, Mikrobiologie, Hygiene) Anforderungen in Form von Spe-

---

[23] Planung = geistige und gedankliche Konzeption eines Produktes

[24] unter Stand der Technik ist das Fachwissen der Praxis, mit Stand der Wissenschaft das Fachwissen der Lehre zu verstehen

zifikationen. Dazu gehört auch die Auswertung der Erkenntnisquellen zur Ermittlung des Standes der Technik und der Wissenschaft.

Bei einem Verschuldensvorwurf auf Mitbewerber mit vergleichbaren (Fehl-) Produkten hinzuweisen, geht im Ansatz fehl. Bei Beurteilung der Frage nach der Sorgfaltspflicht, deren Umfang und Tiefe an den Lebensmittelhersteller, ist allein der Erwartungshorizont des Konsumenten maßgeblich und nicht die Frage, ob und ggf. welche anderen Hersteller Gefahren tolerieren, die aus der Benutzung ihrer Produkte resultieren.

Es kann als erforderlich erachtet werden, den Nachweis zu führen, daß ein Betrieb resp. seine Mitarbeiterinnen und Mitarbeiter sich laufend über den Fortgang der Entwicklung auf den jeweiligen Gebieten informieren. Man spricht hier von der Erkundungspflicht (s. 2.2), von der im wesentlichen folgendes erwartet wird:
• Erkundungspflicht

- regelmäßiges Verfolgen des nationalen und internationalen Schrifttums (Fachzeitschriften/ Fachbücher)
- regelmäßiges Verfolgen der öffentlichen Medien (Tagespresse (Abb. 2.4), Radio, TV)
- Besuch von Seminaren, Fachtagungen und Fachversammlungen
- Einholen von „know how" durch fachkundige und sachverständige Personen

Bei Vernachlässigung dieser Pflichten kann es zu einem Entwicklungsrisiko[25] kommen – einer grundsätzlichen Fehlkonzeption vor einer serienmäßigen Herstellung. Der Fehler wirkt sich dann auf die gesamte Serie aus.
• Entwicklungsrisiko

---

[25] PICHHARDT K (1998) Qualitätsmanagement Lebensmittel. Vom Rohstoff bis zum Fertigprodukt, 2. Aufl., Springer, Berlin Heidelberg New York, S. 93ff.

Salmonellen im Hartkäse durch kurze Reifezeit

dpa – Die Verkürzung der Reifezeit von Hartkäse kann Experten zufolge zu Salmonellen-Infektionen führen. Eine Reifezeit von nur zwei Monaten tötet nach Ansicht des Robert-Koch-Instituts Berlin möglicherweise nicht alle Salmonellen-Bakterien sicher ab. Das Institut veröffentlichte in seinem „Epidemiologischen Bulletin" einen Bericht über eine Salmonelleninfektion Mitte vergangenen Jahres nach dem Genuß von **Emmentaler Käse** aus dem süddeutschen Raum. Erkrankt waren damals 17 Bundeswehrsoldaten sowie mehrere Bewohner verschiedener anderer Orte in Bayern, Baden-Württemberg und Sachsen-Anhalt.

Nach Angaben des Robert-Koch-Instituts war Anfang 1997 die Käseverordnung geändert und die **Reifezeit** für Hartkäse von **drei auf zwei Monate verkürzt** worden. Das Wachstum von Salmonellen im Hartkäse Emmentaler sei bisher bei ausreichend langer Reifungszeit sicher unterdrückt worden. Angesicht des Salmonellen-Falles sei nun eine **neue Risikobewertung** für dieses Milchprodukt erforderlich. Hartkäse ist nach Angaben des Berliner Instituts bislang kaum als Überträger von Salmonellen aufgefallen. In der Regel werden diese Bakterien über Eier, Fleisch und Milch weitergegeben. Eine Lebensmittelinfektion zeigt sich in Erbrechen und wässrigem Durchfall. Bei alten oder geschwächten Menschen kann sie zum Tode führen.

Rhein-Main-Presse 21.12.1998

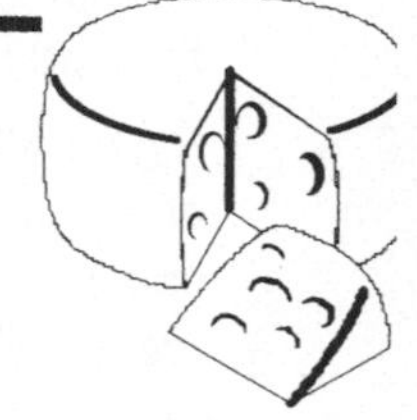

Abb. 2.4. Lebensmittelsicherheit in der Tagespresse

- 2. Pflichtenkreis

■ *Herstellungspflichten*

Entsprechend der (fehlerfreien) Entwicklungs- resp. Planungsvorgabe (Entwicklungs-/Planungsdokumentation) muß auch fehlerfrei hergestellt[26] werden. Das setzt voraus, daß die Produkte auf allen Herstellungsstufen ordnungsgemäß auf ihrer fehlerfreie Beschaffenheit hin zu überprüfen sind.

Daraus ergeben sich Prüf- und Dokumentationspflichten wie bspw.

– sorgfältige Rohstoff- und Packmittelauswahl inkl. Auswahl, Überwachung und Instruktion der Zulieferer (siehe auch 3. Pflichtenkreis)

- Dokumentation hilft, *nicht* vor Gericht zu kommen

---

[26] *Herstellen:* das Gewinnen, Herstellen, Zubereiten, Be- und Verarbeiten (§ 7 Lebensmittel- und Bedarfsgegenständegesetz; Paragraph im Wortlaut unter 2.3.2.5)

- systematische Wareneingangsprüfung[27] (wenn erforderlich anhand aussagekräftiger Stichprobenpläne)
- HACCP-Konzept [28]
- freigaberelevante Prozeßprüfungen, u.U. besondere Endprüfungen *v o r* Vertrieb der Produkte
- Archivierung von Prüfprotokollen und Rückstellmustern

- Vorab- oder Sonderfreigaben können Vorboten einer Krise sein

Das Produkt ist grundsätzlich für den gedachten Verzehr geeignet, jedoch weisen einzelne Packungen (Gebinde, Stücke) infolge der Produktion Fehler auf, die beim Konsumenten Schäden verursachen.

- Herstellungsrisiko

Die „totale" Überprüfung auf eine gesetzeskonforme Beschaffenheit aller Lebensmittel durch den Hersteller ist zum einen nicht durchführbar, zum anderen wäre eine solche Forderung ökonomisch nicht vertretbar – eine stichprobenartige Kontrolle reicht aus.

- Ausreißer

Somit besteht durchaus ein „erlaubtes Risiko" des Inverkehrbringens eines fehlerhaften Lebensmittels, das durch geeignete Untersuchungsverfahren verringert, jedoch nicht völlig ausgeschlossen werden kann.[29] Hat ein Hersteller die erforderlichen Sicherungsmaßnahmen getroffen und ist dennoch infolge eines einmaligen Fehlverhaltens eines Arbeitnehmers bzw. einer Fehlleistung einer Maschine ein Fehler entstanden – *Ausreißer* –, so scheidet eine deliktische, also verschuldensabhängige Haftung nach § 823 BGB durch den Produzenten aus.[30]

---

[27] s. Kapitel 5 der Anlage zu § 3 Lebensmittelhygiene-Verordnung vom 5. August 1997 (BGBl. I S. 2008)

[28] Betriebseigene Maßnahmen und Kontrollen (§ 4 Lebensmittelhygiene-Verordnung vom 5. August 1997, BGBl. I S.2008)

[29] RÜTZLER H (1996) in: Lebensmittelrechtshandbuch II. A, 57, C.H. Beck, München

[30] BGHZ (Bundesgerichtshof, Entscheidungen in Zivilsachen) 51, 91, 105f.; auch Zeitschrift für das gesamte Lebensmittelrecht - ZLR 1991, 34

• Beispiele und
  Gegenbeispiel

Beispiele, für Entscheidungen, die eine Schuld des Produzenten verneinten

– Schaden am Zahnersatz durch Schweinezahn in Landrotwurst[31]
– Vergiftung durch Pilze[32]
– Zahnschaden durch eingebackenen Stein im Brot[33]

Gegenbeispiel (Produzent haftet verschuldet)

– salmonelleninfizierter Zigeunersalat in einem Restaurant (Schmerzensgeld DM 2.500,-)[34]

• 3. Pflichtenkreis

■ *Beteiligten- und Zulieferpflichten*

Der Hersteller darf im Rahmen seines Endproduktes nur solche Zulieferungen (Rohstoffe, Halbfertigwaren, Primärpackmittel)[35] berücksichtigen, von deren fehlerfreier Beschaffenheit er überzeugt sein darf. Das bedeutet, daß er sich von der Zuverlässigkeit und Gewissenhaftigkeit seiner Zulieferer überzeugen muß.

Nach dem Produzentenhaftungsrecht gemäß § 823 BGB haften Importeure, Vertriebshändler und Lieferanten grundsätzlich nicht, weil sie nicht Hersteller zum Endverbraucher sind. Ebenso ist grundsätzlich eine Haftung des Endherstellers des Lebensmittelproduktes für solche Fehler ausgeschlossen, die nachweislich im Verantwortungsbereich des Vorlieferanten oder Zulieferers entstanden sind. Das gilt allerdings nur, wenn der Hersteller des Fertigproduktes bestimmte Sorgfaltspflichten bei der Eruierung von Zulieferen beachtet und zugelieferte Rohstoffe, Halbfertigwaren,

• Lieferantenbeurteilung

---

[31] Landgericht Dortmund, 12.03.87 (Neue Juristische Wochenschrift - NJW 1987, 805)
[32] Oberlandesgericht Karlsruhe, 29.12.1967 (Sammlung lebensmittelrechtlicher Entscheidungen - LRE 6, 278)
[33] Amtsgericht Frankfurt/M, 04.07.1977 (Versicherungsrecht - VersR 1977, 113)
[34] Oberlandesgericht Frankfurt/M, 19.02.1979 (Versicherungsrecht - VersR 1982, 151f)
[35] Primärpackmittel sind solche Packmittel, die direkt mit dem Lebensmittel in Kontakt stehen

Packmittel etc. auf ihre Fehlerfreiheit hin angemessen kontrolliert. Die Überwachungspflicht kann u.a. erfolgen durch:

– Eingangsprüfungen[36] gegen Spezifikation
– periodische Auditierung des Lieferanten
– Kriterien der Listung/Auslistung

■ Instruktionspflichten

• 4. Pflichtenkreis

Der Lebensmittelproduzent hat die Verpflichtung, durch entsprechende Gebrauchs- und Zubereitungsanweisungen, Verzehrshinweise, ggf. auch **ausgewiesene** Warnhinweise dafür Sorge zu tragen, daß der normale, vernünftige Durchschnittskonsument über mögliche Gefahren, die von einem Produkt ausgehen, aber nicht oder nicht ohne weiteres erkennbar sind, instruiert (gewarnt) wird.

Das Produkt selbst weist keine Mängel auf; der Konsument wird jedoch durch fehlende, unvollständige oder oberflächliche Produkthinweise unzureichend informiert, so daß es bei Nichtbeachtung zu Schäden kommen kann. Eine potentielle Schadensursache liegt also weder in der Rezepturentwicklung noch im Herstellprozeß, möglicherweise aber in der Planungsphase – nämlich dann, wenn *„vorausschauende Produktbeobachtungspflichten"* außer acht gelassen wurden.

• Instruktionsrisiko

• Produktbeobachtung

---

[36] Lebensmittel dürfen von einer Betriebsstätte nicht angenommen werden, wenn sie erwiesenermaßen oder aller Voraussicht nach mit tierischen Schädlingen, pathogenen Mikroorganismen oder gesundheitlich bedenklichen, verdorbenen oder fremden Stoffen derart verunreinigt sind, daß sie auch nach normaler Aussortierung oder nach einer in der Betriebsstätte hygienisch durchgeführten Vorbehandlung oder Verarbeitung nicht für den Verzehr geeignet sind. (Kapitel 5 Abs. 1 der Anlage zu § 3 Abs. 2 der Lebensmittelhygiene-Verordnung)

• Leitsätze des
  Bundesgerichtshofs

Aufgrund der Kindertee-Urteile stellte der Bundesgerichtshof 1992 zunächst zwei Leitsätze auf:[37]

1. *In Warnhinweisen über Produktgefahren muß die Art der drohenden Gefahr deutlich herausgestellt werden. Jedenfalls dann, wenn erhebliche Körper- oder Gesundheitsschäden durch eine Fehlanwendung des Produktes entstehen können, muß der Produktverwender aus dem Warnhinweis auch erkennen können, warum das Produkt gefährlich werden kann.*

2. *Steht in einem Produkthaftungsprozeß fest, daß ein Hersteller objektiv seine Instruktionspflichten bei der Inverkehrgabe eines seiner Produkte verletzt hat, dann ist davon auszugehen,, daß die Verletzung dieser Pflichten schuldhaft erfolgt ist, sofern der Hersteller nicht den Beweis führt, daß ihn kein Verschulden trifft.*

Der Vorwurf der Warnpflichtverletzung resultierte daher, daß der Hersteller erst 1981 (trotz Kenntnis zahnmedizinischer Veröffentlichungen seit 1979) und lediglich unter der Überschrift „Zubereitung" empfahl, zur Vermeidung von Karies dem Kind die Flasche nicht als Nuckelflasche allein zu überlassen. Erst bei späteren Produkten war der Banderolentext mit Warnhinweisen versehen worden.

• Leitsätze des
  Bundesgerichtshofs

Mit Urteil vom 11.01.1994 hat der Bundesgerichtshof die Rechtsprechung des 1. Kindertee-Urteils fortgesetzt und folgende Leitsätze aufgestellt:

1. *Ein Warenhersteller hat Inhalt und Umfang seiner Instruktionen über die Verwendung seines Produktes nach der am wenigsten informierten und damit nach der gefährdesten Benutzergruppe zu richten.*

2. *Hersteller von zuckhaltigem Kindertee müssen grundsätzlich auf die mit dem „Dauernuckeln" ihres Tees verbundene erhebliche Kariesgefahr hinweisen, weil diese in dem Umspülen der Rückseite der Oberkieferschneidezähne und dem gleichzeitigen Abspülen des Speichelschutzes besteht, was im allgemeinen unbekannt ist.*

---

[37] BGH-Urteile bzgl. Instruktionspflichten des Herstellers von zuckerhaltigem Kindertee (Neue Juristische Wochenschrift - NJW 1992, 560, 562; NJW 1994, 932)

3. Die Verantwortlichkeit eines Warenherstellers reicht nur soweit, wie die Gefahren von seinem Produkt ausgehen. Gefahren von Substitutionsprodukten anderer Hersteller sind ihm nicht zuzurechnen.

Wie weit die Rechtsprechung des Bundesgerichtshofes zum Verbraucherschutz mittels Warnhinweis reicht, zeigt die Entscheidung[38] des Bundesgerichtshofes vom 31.1.1995 bzgl. eines speziellen Kinderfruchtsaftes ohne Zuckerzusatz. Dieser Kinderfruchtsaft wurde im gleichen Zeitraum mit gesüßtem Kindertee verabreicht. Während der Hersteller des Kindertees im Sinne der Rechtsprechung ordnungsgemäß vor der „Nuckel-Flaschen-Gefahr" warnte, unterließ der Hersteller des Kinderfruchtsaftes eine Warnung.

    Das Gericht stellte fest, daß der Fruchtsafthersteller – ebenso wie der Kinderteehersteller – damit rechnen muß, daß sein Produkt in Nuckelflaschen zum „Dauernuckeln" verabreicht wird. Die Folge ist, daß auch ein Hersteller eines solchen Produktes verpflichtet ist, die gleichen Warnhinweise zu verwenden, wie ein Hersteller von Kindertee mit Zuckerzusatz.

Das Gericht stellte ferner fest, daß gleiches nicht nur für den Hersteller von Saugflaschen gilt, die zum Dauernuckeln verwendet werden, sondern auch für denjenigen, der diese Flaschen in Verkehr bringt, insbesondere dann, wenn er Alleinvertreiber ist.

„Jeder Händler, auch Einzelhändler, muß dafür Sorge tragen, daß der Käufer die richtige Bedienungsanleitung und etwa erforderliche Warnhinweise erhält. Der Alleinvertreiber eines bestimmten Produktes hat noch weitere Verkehrssicherungspflichten. Er muß wie ein Hersteller durch entsprechende Warnhinweise darauf hinwirken, daß durch die Produktverwendung keine Gefahren für den Benutzer entstehen."

---

[38] BGH-Entscheidung bzgl. Instruktionspflichten des Herstellers von Fruchtsäften ohne Zucker (Neue Juristische Wochenschrift - NJW 1995, 1286)

• Reichweite der
Rechtsprechung

• Warnhinweise für
Bedarfsgegenstand

- gesetzlich
  vorgeschriebene
  Warnhinweise

Die Diät-Verordnung behandelt in den §§ 20-24 „Zusätzliche Kennzeichnungen". Sie enthalten explizite Vorschriften für Hinweise und Warnhinweise, die zu beachten sind, z.B.:

– *Bei diätetischen Lebensmitteln für Diabetiker, welche die Zuckeraustauschstoffe Mannit, Sorbit und Xylit in einer Gesamtmenge von mehr als 10 Hundertteilen im verzehrfertigen Erzeugnis enthalten, ist zusätzlich der **Hinweis** „kann bei übermäßigem Verzehr abführend wirken" erforderlich.*

– *Bei süßstoffhaltigen diätetischen Lebensmitteln, die in § 12 Abs. 1 Nr. 2 erster Halbsatz genannte Kohlenhydrate als Zutaten oder als Trägerstoffe enthalten, ist der **Warnhinweis** „für Diabetiker nicht geeignet" anzugeben.*

– *Bei bilanzierten Diäten ist anzugeben:*
  1. *der **Hinweis**, daß es sich um eine zur ausschließlichen Ernährung bestimmte oder um eine ergänzende bilanzierte Diät handelt, in Verbindung mit der Angabe der Personengruppe, für die dieses Lebensmittel bedarfsangepaßt ist, sowie die Angabe, ob es sich um eine Sonden- oder um eine Trinknahrung handelt;*
  2. *der **Warnhinweis** „nur unter medizinischer Kontrolle verwenden", sofern nicht eine Aussage nach § 3 Abs. 2 Nr. 2 oder 3 erfolgt;*
  3. *der **Warnhinweis** „Kein vollständiges Lebensmittel! Gebrauchsanweisung beachten!" bei den in § 14 b Abs. 3 Satz 1 und Abs. 4 Satz 1 genannten Lebensmitteln.*

- Warnhinweise gemäß
  Diät-Verordnung

Bilanzierte Diäten sind mit einer Gebrauchsanweisung zu kennzeichnen.

*Bei bilanzierten Diäten, die Kohlenhydrate im Sinne von § 12 Abs. 1 Nr. 2 erster Halbsatz enthalten, ist der **Warnhinweis** „enthält leicht verfügbare Kohlenhydrate; bei Störungen der Glucosetoleranz nur unter sorgfältiger Stoffwechselkontrolle verwenden" anzugeben.*

*Bei bilanzierten Diäten, denen Carrageen zugesetzt ist, ist der **Warnhinweis** „enthält Carrageen, für Patienten mit entzündlichen Darmerkrankungen nicht geeignet" anzugeben.*

*Bei bilanzierten Diäten, bei denen Wechselwirkungen mit Arzneimitteln auftreten können, ist ein entsprechender **Warnhinweis** darauf anzugeben.*

Bei diätetischen Lebensmitteln für Säuglinge oder Kleinkinder muß die für eine Mahlzeit benötigte Menge des Lebensmittels angegeben werden. Enthalten die Lebens-

mittel d-Milchsäure oder dl-Milchsäure ist ferner der **Hinweis** *„nicht für Säuglinge in den ersten drei Lebensmonaten verwenden" erforderlich.*

Bei den Zuckeraustauschstoffen Mannit, Sorbit und Xylit ist zusätzlich der **Hinweis** *„kann bei übermäßigem Verzehr abführend wirken" erforderlich.*

Bei Kochsalzersatz der **Warnhinweis** *„bei Störungen des Kaliumhaushalts, insbesondere bei Niereninsuffizienz, nur nach ärztlicher Beratung verwenden".*

Wird ein Produkt ausschließlich an Fachleute zur gewerblichen Weiterverarbeitung abgegeben, können Gebrauchs- und Herstellanweisungen anders formuliert sein als für den normalen Konsumenten, da diesem Abnehmerkreis ein spezifisches Fachverständnis zu unterstellen ist.

■ *Produktbeobachtungspflichten*

Der Hersteller muß nach Einführung eines Produktes dessen Tauglichkeit beobachten; d.h., er muß sich die Frage stellen: wie bewährt sich das Produkt in der Praxis?

Die Produktbeobachtung ermöglicht es dem Hersteller, der Verpflichtung nachzukommen, beim Auftreten von Risiken, die zuvor nicht erkannte oder erkennbare Gefährlichkeit seines Produktes beinhalten, im Rahmen des ihm Möglichen und Zumutbaren einzuschreiten, und gefahrabwendende Maßnahmen einzuleiten, wie bspw. Vertriebshändler- und Kundenbenachrichtigung oder Warn- und Rückrufaktionen.

Die Pflicht der Produktbeobachtung beginnt mit dem Zeitpunkt des Inverkehrbringens des Lebensmittels/Lebensmittelbedarfsgegenstandes und muß das Ziel verfolgen, bisher noch unerkannt gebliebene schädliche Eigenschaften oder anderweitige Gefahren, die sich möglicherweise aus der *korrekten Produktbenutzung* ergeben können, zu beobachten und zu korrigieren.

Dabei ist das Augenmerk auch auf eine Anwendungserweiterung durch den Konsumenten sowie ei-

• 5. Pflichtenkreis

• Anwendungserweiterung und ungewollten Fehlgebrauch berücksichtgen

- Produkt-
beobachtungsrisiko

nen ungewollten Fehlgebrauch zu lenken. Auch einige Zeit nach dem ersten Inverkehrbringen können sich bestimmte Verbrauchergewohnheiten herausbilden, die ggf. zu einer erneuten Beurteilung der ehemaligen Sicherheitsaspekte des in Verkehr gebrachten Produktes führen können. Die Folge könnte sein, (Warn-) Hinweise anzubringen bzw. bereits erfolgte Warnhinweise den neuen Gegebenheiten anzupassen; der Produktbeobachtung würde somit eine Instruktionspflicht, nämlich die hinreichende Information des Verbrauchers folgen. Im Extremfall könnte sich gar eine Rückrufpflicht ergeben, nämlich dann, wenn die ermittelte Gefahren nur durch einen Produktrückruf ausgeschaltet werden kann.

Die Mißachtung von Erkundungen, dazu gehört u.a.

- ein Unterlassen des Studiums von Fachzeitschriften und sonstiger Literatur ,
- der Beratungsverzicht durch Sachverständige,
- die Nicht-Beobachtung von Mitbewerberprodukten,
- das Ignorieren von Kundenreaktionen sowie spezieller Gebrauchsgewohnheiten der Endabnehmer,

ist als ein bedeutendes Risiko der Produktsicherheit zu werten.

- 6. Pflichtenkreis

■ *Betriebsorganisationspflichten*

Der Unternehmer resp. Betriebsinhaber ist verpflichtet, seinen Betrieb allgemein ausreichend zu organisieren. Das bedeutet, den Betrieb als Organisation so einzurichten, daß eine ordnungsgemäße Geschäfts- und Betriebsführung gewährleistet ist.

Wegen Organisationsfehler haftet der Hersteller dann, wenn ein Produktfehler durch eine nicht sachgerechten Betriebsorganisation verursacht wurde.

Zu den Organisationsfehlern zählen u.a.:

- nicht verifizierte Produktionsabläufe (Schäden für Dritte werden somit nicht ausgeschlossen)

- eingeführtes Qualitätsmanagementsystems mit dem ausschließlichen Zweck der Zertifizierung („Eindruck!" nur nach außen)
- unzureichende Instandhaltung von Anlagen (Wartungsorganisation)
- nicht festgelegte Zuständigkeits- resp. Verantwortungsbereiche
- fehlende Kompetenzfestlegung, z.B. auch in Form von Stellenbeschreibungen *aller* relevanter Funktionen (Abb. 2.5.)
- fehlende Produkt-Warnruf- bzw. Produkt-Rückruforganisation (siehe nachstehende BGH-Entscheidung[39] vom 4.5.1988)

Nach einem Verzehr von Bienstich, der von einer Großbäckerei an eine Klinik geliefert worden war, erkrankten eine Vielzahl von Patienten an Übelkeit, Bauchschmerzen, Erbrechen und Durchfall. Der Kuchen war mit Staphylokokken kontaminiert.

Trotz Kenntnis von dem Staphylokokkenbefall des Kuchens, dem Bewußtsein der „naheliegenden Wahrscheinlichkeit" weiterer Erkrankungen und gegen die Empfehlung von zwei Angestellten entschieden sich die Angeklagten (zwei Geschäftsführer) – weil sie „diese Erkrankung für nicht besonders gefährlich hielten und sich von der Vorstellung leiten ließen, daß man im Einzelfall den von einer solchen durch den Genuß von verdorbenen Bienstich betroffenen Kunden durch Zuwendung eines entsprechenden Präsents in Form von Pralinen werde besänftigen können und aus Furcht vor einer Rufschädigung und zusätzlichem Kostenaufwand" – gegen eine Rückrufaktion.

Die beiden Geschäftsführer wurden wegen vorsätzlicher Körperverletzung und vorsätzlichen Inverkehrbringen verdorbener Lebensmittel verurteilt. Als Geschäftsführer hatten sie eine Garantenstellung. Sie waren insgesamt verpflichtet, nach Kenntnis der Verseuchung entsprechende Maßnahmen zu ergreifen, damit der verdorbene Bienenstich nicht weiter in Verkehr gelangen konnte.

---

[39] BGH-Entscheidung wegen Verletzung von Organisationspflichten (Zeitschrift für das gesamte Lebensmittelrecht - ZLR 1988, 512)

Q-FOOD GMBH

STELLENBESCHREIBUNG

1. Position   Qualitätsbeauftragter
2. Status   Handlungsvollmacht gemäß § 54 HGB
                     Mitglied der Gremien Geschäftsführersitzung und
                     Krisenstabs, **Vortragsrecht**
3. Unterstellung   dem Geschäftsführer
4. Überstellung   ./.
5. Stellvertretung   wird bei Bedarf individuell in Absprache mit dem
                     Geschäftsführer festgelegt und schriftlich bekannt-
                     gegeben

6. Zweck und Ziel der Position

    6.1 Sicherstellung und Aufrechterhaltung der vom Geschäftsführer
         und dem Gremium Geschäftsführersitzung verabschiedeten Quali-
         tätspolitik und Organisationsverantwortung sowie der Elemente
         der DIN EN ISO 9001 in der jeweils gültigen Fassung
    6.2 Beratung, aktive Anleitung und Mitarbeit sowie Einflußnahme bei
         der Erstellung und Umsetzung von Qualitätssicherungsmaßnahmen
    6.3 Beratung und lenkende Einflußnahme in den Bereichen Einkauf
         und Marketing
    6.4 Federführende Risikobeurteilungen im Einvernehmen mit den
         Bereichen Entwicklung, Produktion und Lager/Versand
    6.5 Auditierung von Lieferanten, sofern qualitätsspezifische Belange
         berührt werden, die ein akkreditierter Zeritfizierer nicht beurteilen
         kann
    6.6 ...
    6.7 ...

Reisen innerhalb der EU, die nicht in unmittelbarem Zusammenhang mit
externen Audits stehen, bedürfen der Zustimmung des Geschäftsführers.

Bonn, den ....   Bonn, den ....

....

Qualitätsbeauftragter   Geschäftsführer

Abb. 2.5. Beispiel einer Stellenbeschreibung

■ *Personalpflichten – Haftung für Mitarbeiterinnen und Mitarbeiter*

• 7. Pflichtenkreis

Der Unternehmer bzw. Betriebsinhaber muß das bei ihm beschäftigte Personal gemäß dem jeweils zu übernehmenden Aufgabengebiet ordnungsgemäß auswählen, ordnungsgemäß anleiten und ordnungsgemäß überwachen. Zu den Personalpflichten gehören auch Schulungsmaßnahmen.[40] Verletzt der Unternehmer diesen Pflichtenkreis, haftet er selber auch für Schäden, die einer seiner Mitarbeiter verursacht und zu denen er also unmittelbar nicht beigetragen, sie nicht eigenhändig verursacht hat.

Nach § 831 BGB wird eine solche Pflichtverletzung des Unternehmers bei einer Schadensverursachung durch einen seiner Mitarbeiter stets vermutet – es ist dann Sache des Unternehmers, diese Vermutung zu widerlegen; er muß sich vom Schuldvorwurf befreien. Kann er dies, entfällt seine Haftung, andernfalls haftet er auch für Schäden, die durch seine Mitarbeiter verschuldet wurden.

Bürgerliches Gesetzbuch
§ 831. Haftung für den Verrichtungsgehilfen

(1) Wer einen anderen zu einer Verrichtung bestellt, ist zum Ersatz des Schadens verpflichtet, den der andere in Ausführung der Verrichtung einem Dritten widerrechtlich zufügt. Die Ersatzpflicht tritt nicht ein, wenn der Geschäftsherr bei der Auswahl der bestellten Person und, sofern er Vorrichtungen oder Gerätschaften zu beschaffen oder die Ausführung der Verrichtung zu leiten hat, bei der Beschaffung oder der Leitung die im Verkehr erforderliche Sorgfalt beobachtet oder wenn der Schaden auch bei Anwendung dieser Sorgfalt entstanden sein würde.

(2) Die gleiche Verantwortlichkeit trifft denjenigen, welcher für den Geschäftsherrn die Besorgung eines der im Absatz 1 Satz 2 bezeichneten Geschäfte durch Vertrag übernimmt.

• Haftung für Mitarbeiter durch den Unternehmer

---

[40] Schulungsmaßnahmen in Lebensmittelhygiene sind gemäß § 4 Abs. 2 LMHV verpflichtend, darüber hinaus sind sie periodisch zu wiederholen

Um den Vorwurf eines betrieblichen Organisations-
verschuldens hinsichtlich seiner Pflichten gegenüber
seinen Mitarbeitern begegnen zu können, sollte das
Unternehmen den Nachweis führen können, daß seine

– Auswahlpflichten,
– Anweisungspflichten und
– Überwachungspflichten gegenüber Mitarbeitern

erfüllt sind.

Spezielle Nachweise sollten in allen Unternehmens-
bereichen, in denen Tätigkeiten durchgeführt werden,
welche Fehler in/an einem Produkt verursachen können, verfügbar sein.

Bereichs- oder abteilungsübergreifende Nachweise
wie bspw. der Nachweis über die freiwillige, periodische Untersuchung auf Salmonellenausscheider oder
Schulungs- bzw. Unterrichtungsnachweise über die
verpflichtende Unterweisung von Personen, die mit
Lebensmitteln umgehen[41], sollten dagegen zentral –
vorzugsweise beim Personal- und Sozialwesen – ar-
chiviert werden.

2.3.1.4
Haftung und Haftungsausschluß sonstiger Personen

Gemäß § 823 Abs. 1 haftet **jeder, also auch ein Mitarbeiter eines Betriebes,** wenn er vorsätzlich und
fahrlässig das Leben, den Körper, die Gesundheit .....
eines anderen verletzt. Das bedeutet, daß auch ein
Mitarbeiter des Unternehmens unmittelbar und persönlich gegenüber dem Geschädigten haftet, sofern
er bei seiner beruflichen oder geschäftlichen Tätigkeit einen ihm übertragenen Auftrag schuldhaft ausgeführt und dadurch fremdes, durch § 823 Abs. 1
BGB geschütztes Rechtsgut geschädigt hat.

---

[41] § 4 Abs. 2 der Lebensmittelhygiene-Verordnung vom 5.8.1997
(BGBl. I S. 2008)

• eine Dokumentation ist dringend angezeigt

• Archivierung der Nachweise

• persönliche Haftung des Mitarbeiters

Wenn auch die persönliche Haftung die Mitarbeiter einerseits zu besonders verantwortungsbewußtem Verhalten und sorgfältiger Tätigkeit veranlassen soll, soll sie andererseits nicht erschreckend und lähmend wirken.

In der Vergangenheit wurden – wenn überhaupt – in der Mehrzahl der Fälle nur leitende Mitarbeiter in Anspruch genommen. Zu dem tritt in der Regel für einen schadensersatzpflichtig gewordenen Mitarbeiter – im Rahmen des versicherten Risikos und der Versicherungssumme – die Betriebshaftpflichtversicherung ein, sofern der betreffende Mitarbeiter nicht vorsätzlich gehandelt hat.

2.3.1.5
Beweislast –
Anscheinsbeweis und Beweislastumkehr

Ohne Verschulden besteht keine Haftung nach § 823 BGB. Der Geschädigte, der Produkthaftungsansprüche gegenüber dem Produzenten geltend machen will, hat meist erhebliche Schwierigkeiten, den Beweis dafür zu erbringen, daß der Anspruchsgegner – also der Lebensmittelinverkehrbringer – den Mangel verschuldet hat und daß dieser Mangel auch die Ursache für den erlittenen Schaden war. Man spricht hier von einer Kausalität, nämlich wenn der Zusammenhang zwischen Ursache (schuldhaft fehlerhaftes Lebensmittel) und Wirkung (Schaden als Rechtsgutverletzung) schlüssig ist. Da der geschädigte Konsument den Organisations- und Verantwortungsbereich eines Lebensmittelherstellers und dessen erforderliche Sorgfalt nicht kennt bzw. nicht überschauen kann, gerät er sehr leicht in Beweisnot zu zeigen, daß das fehlerhafte Lebensmittelprodukt mit (und nicht ohne) Schuld des Herstellers entstanden ist. Bleibt dieses ungeklärt, so trägt der geschädigte Konsument die Folgen der Beweislosigkeit und zwar mit dem Ergebnis, daß seine Klage abgewiesen wird.

* Beweisschwierigkeit des geschädigten Konsumenten

- Erleichterung der Beweisführung des geschädigten Konsumenten

- Beweislastverteilung

- Anscheinsbeweis

- Beweislastumkehr

- Entlastung durch Erfüllung der Pflichtenkreise

Wenn der geschädigte Konsument den Produzenten aus § 823 BGB in Anspruch nimmt, so greifen für ihn jedoch Erleichterungen, nämlich, die Beweislast wird dem Hersteller für solche Umstände auferlegt, die zu seinem Einflußbereich gehören.

Für diese Beweislastverteilung gibt es keine Entsprechung im Bürgerlichen Gesetzbuch; sie wurde durch sogenanntes Richterrecht entwickelt, da sonst der Geschädigte fast nie die Chance hätte, seine Ansprüche gegen einen Produzenten durchzusetzen.

Eine Beweiserleichterung ist der sogenannte Anscheinsbeweis. Der Anscheinsbeweis für ein mutmaßliches Verschulden des Lebensmittelherstellers stützt sich auf die überwiegende Wahrscheinlichkeit eines bestimmten Verlaufs, d.h. man geht also von einem typischen Geschehensablauf aus. Allerdings ist der Anscheinsbeweis nur ein Hilfsmittel und kein strenger Beweis. Der Anscheinsbeweis gerät leicht in Beweisnot, nämlich dann, wenn der Anspruchgegner die ernsthafte Möglichkeit eines anderen Geschehensablaufs darlegen kann. Der Anscheinsbeweis ist dann entkräftet, mit der Folge, daß der Schadensersatzanspruch des Konsumenten als Anspruchsteller abgewiesen wird.

Eine weitere Erleichterung ist die Beweislastumkehr. Bei der Beweislastumkehr muß sich der beklagte Lebensmittelproduzent entlasten, um einer Haftung gemäß § 823 BGB zu entgehen. Ihm obliegt es nun zu beweisen, daß ihn kein Verschulden trifft. Das kann ihm nur gelingen, wenn er nachweist, daß weder ihn selbst noch eines seiner Unternehmensorgane ein pflichtwidriges Verhalten trifft, also die Planung, Entwicklung und Produktion des Nahrungsmittels organisiert und überwacht wurde, damit Fehler ausgeschlossen wurden und ebenfalls im betreffenden Produktionsgang persönliche schuldhafte Leistungen von Mitarbeitern nicht vorgekommen sind. Gegebenenfalls muß das Unternehmen nachweisen, daß Hinweise resp. Anweisungen zur Zubereitung und/oder Verzehr vollständig und fehlerfrei waren und das Produkt nach Inverkehrbringen auf seine Sicherheit beobachtet wurde. Gelingt der Nachweis, gegen die Pflichtenkreise nicht verstoßen zu haben, kann der Schadensersatzanspruch des Konsumenten wegen schuldhafter Verletzung von Produzentenpflichten abgewehrt werden.

2.3.2
Verschuldensunabhängige Haftung – Haftung nach dem Produkthaftungsgesetz

Neben dem deliktischen Haftungsrecht für Produzenten nach § 823 Abs. 1 BGB gilt für Schadensersatzansprüche aus Anlaß von Produktfehlern seit dem 01.01.1990 das Produkthaftungsgesetz – ProdHaftG.

Wie bereits im Kapitel 1 erwähnt, wurde mit dem ProdHaftG die Richtlinie 85/374/EWG des Rates vom 25. Juli 1985 zur Angleichung der Rechts- und Verwaltungsvorschriften der Mitgliedsstaaten über die Haftung für fehlerhafte Produkte[42] (mit der eine Haftungsvereinheitlichung innerhalb der EU-Staaten erstrebt wird) in geltendes nationales Recht überführt.

- erstrebte Haftungserleichterung innerhalb der Europäischen Union

Während bei der Produzentenhaftung nur das **Verschulden** (§ 823 Abs. 1 BGB) oder der Verstoß gegen ein Schutzgesetz (§ 823 Abs. 2 BGB), z.B. Lebensmittel- und Bedarfsgegenständegesetz zu einer Haftung führt, steht bei der Produkthaftung nach dem ProdHaftG der **Fehler** im Vordergrund – ein Produktfehler, **nicht das Verschulden**, führt zur Haftung (§ 1 Abs. 1 Satz 1 ProdHaftG).

- Unterschied zwischen § 823 BGB und dem ProdHaftG

Die Haftung nach dem ProdHaftG ist keine abschließende Regelung einer Haftung für fehlerhafte Produkte – sie tritt neben die derzeit bestehenden Haftungsregelungen, so insbesondere neben die außervertragliche, deliktische Haftung nach § 823 BGB und neben die vertragliche Haftung aus positiver Vertragsverletzung (s.a. Abb. 2.2).

---

[42] Amtsblatt der Europäischen Gemeinschaften vom 07. August 1985 (ABl. EG L 210 S. 29)

- nur der Produktfehler führt zur Haftung

- Entlastungsbeweis des Herstellers

- Herstellerbegriff ist weiter gefaßt als bei der Produzentenhaftung nach § 831 BGB

- Beweislastverteilung

Produkthaftungsgesetz
§ 1. Haftung

(1) Wird durch den Fehler eines Produktes jemand getötet, sein Körper oder seine Gesundheit verletzt oder eine Sache beschädigt, so ist der Hersteller des Produktes verpflichtet, dem Geschädigten den daraus entstehenden Schaden zu ersetzen. Im Falle der Sachbeschädigung gilt dies nur, wenn eine andere Sache ihrer Art nach gewöhnlich für den privaten Ge- oder Verbrauch bestimmt und hierzu von dem Geschädigten hauptsächlich verwendet worden ist.

(2) Die Ersatzpflicht des Herstellers ist ausgeschlossen, wenn

1. *er das Produkt nicht in den Verkehr gebracht hat,*
2. *nach den Umständen davon auszugehen ist, daß das Produkt den Fehler, der den Schaden verursacht hat, noch nicht hatte, als der Hersteller es in Verkehr brachte,*
3. *er das Produkt weder für den Verkauf oder eine andere Form des Vertriebs mit wirtschaftlichem Zweck hergestellt noch im Rahmen seiner beruflichen Tätigkeit hergestellt oder vertrieben hat,*
4. *der Fehler darauf beruht, daß das Produkt in dem Zeitpunkt, in dem der Hersteller es in Verkehr brachte, dazu zwingenden Rechtsvorschriften entsprochen hat, oder*
5. *der Fehler nach dem Stand der Wissenschaft und Technik in dem Zeitpunkt, in dem der Hersteller das Produkt in den Verkehr brachte, nicht erkannt werden konnte.*

(3) Die Ersatzpflicht des Herstellers eines Teilproduktes ist ferner ausgeschlossen, wenn der Fehler durch die Konstruktion des Produktes, in welche das Teilprodukt eingearbeitet wurde, oder durch die Anleitungen des Herstellers des Produktes verursacht worden ist. Satz 1 ist auf den Hersteller eines Grundstoffs entsprechend anzuwenden.

(4) Für den Fehler, den Schaden und den ursächlichen Zusammenhang zwischen Fehler und Schaden trägt der Geschädigte die Beweislast. Ist streitig, ob die Ersatzpflicht gemäß Absatz 2 oder 3 ausgeschlossen ist, so trägt der Hersteller die Beweislast.

2.3.2.1
Haftungsart

Mit § 1 Satz 1 ProdHaftG wird das von der Richtlinie 85/374/EWG vorgeschriebene Prinzip der verschuldensunabhängigen Haftung eingeführt. Als relevante Rechtsgutverletzung wird zunächst die Tötung eines Menschen und die Körper- oder Gesundheitsverletzung – ausgelöst durch einen Fehler eines Produktes – angesprochen. Anders als in § 823 Abs. 1 BGB (s. 2.3.1) sind die Schutzgüter „Freiheit" und „sonstige Rechte" nicht in § 1 ProdHaftG aufgenommen.

Als letzte Rechtsgutverletzung wird die Sachgutbeschädigung genannt. Im Falle der Sachgutbeschädigung ist die Haftung des Ersatzpflichtigen auf den Betrag beschränkt, der DM 1.125,- übersteigt. Mit dieser Begrenzung nach unten wird im Rahmen der verschuldensunabhängigen Haftung die Inanspruchnahme wegen Bagatellfällen ausgeschlossen.

• Sachschäden sind auf gravierende Fälle beschränkt

Nach dem Produkthaftungsgesetz haftet ein Hersteller dann, wenn nachstehende vier Voraussetzungen *zusammen* erfüllt sind.

■ „Ein **Fehler** seines Produktes,
■ welches **in Verkehr gebracht** wurde,
■ muß einen (Körper- oder Sach-) **Schaden**
■ **verursacht** haben."

• Haftungsvoraussetzung

Die Haftung knüpft allein an die Gefahr an, die von einem fehlerhaften Produkt für dessen „Umgebung" ausgeht. Auf die Frage, warum ein Lebensmittel (einschließlich seiner Verpackung) einen Fehler im Sinne eines Sicherheitsmangels hatte, auf ein Verschulden oder eine Pflichtverletzung des Herstellers kommt es – anders als bei der deliktischen Haftung nach § 823 BGB – somit hier nicht an.

Die Beweislast für das Vorliegen aller vier zuvor genannten Haftungsvoraussetzungen trägt der geschädigte Konsument.

• Beweislast

• Haftungsausschlüsse

Das ProdHaftG enthält in § 1 Abs. 2 eine Reihe von Haftungsausschlüssen, die grundsätzlich auch für Lebensmittel gelten, auch wenn sie hier nur selten Anwendung finden werden.

Folgende Haftungsausschlüsse sind allerdings im Lebensmittelbereich denkbar:

- Ein Konsument selbst hat das Lebensmittel unsachgemäß verzehrt. Der Zubereitungs- und Verzehrshinweis verlangt ausdrücklich und unmißverständlich ein Erhitzen mit Durchkochen für 10 Minuten, andernfalls ist das Lebensmittel als nicht verzehrsfähig zu betrachten. Anstelle sich exakt an die Anleitung zu halten, beschränkt der Konsument sich lediglich auf eine Erwärmung mittels Mikrowelle. Nach dem Genuß des Lebensmittels erkrankt er, da besondere Mikroorganismen den Erwärmungsprozeß überlebt haben.

- Tiefkühlkost ist durch den Ausfall der Tiefkühltruhen beim **Händler** verdorben. Trotz Beachtung der Zubereitungs- und Verzehrsempfehlung erkrankt der Konsument.

• Inverkehrbringen = Aufgabe der Verfügungsgewalt

Nach § 1 Abs. 2 ProdhaftG haftet der Hersteller nur dann, wenn er seine tatsächliche Verfügungsgewalt über das Produkt willentlich aufgegeben hat; so zum Beispiel dann, wenn er die Verfügungsgewalt auf einem anderen übertragen hat und dadurch die Möglichkeit, auf sein Produkt einzuwirken, faktisch erloschen ist. Jedes Überlassen, gleichgültig ob gegen Entgelt oder unentgeltlich, bedeutet ein Inverkehrbringen.

- Auf einem abgeschlossenen Werksgelände steht ein nicht verkehrsfähiges Fehlprodukt zur Abholung für eine Entsorgung bereit. Die Wagenladung wird entwendet und illegal in den Verkehr gebracht. Nach Genuß dieses Produktes kommt es zu Erkrankungen von Personen an verschiedensten Orten.

  Eine Haftung im Sinne des ProdHaftG ist auszuschließen, da der Hersteller seine Verfügungsgewalt über sein (Fehl-)Produkt nicht willentlich aufgegeben hat.

Bezüglich des Haftungsauschluß nach Satz 4, Absatz 2 ProdHaftG sei darauf hingewiesen, daß unter dem Begriff „zwingende Rechtsvorschriften" nur verbindliche hoheitliche Normen zu verstehen sind.

Leitsätze von Industrieverbänden, DIN-Normen und sonstige – auch behördliche – Empfehlungen oder Verlautbarungen sind keine Rechtsvorschriften im Sinne des § 1 Produkthaftungsgesetzes.

- zwingende Rechtsvorschriften

2.3.2.2
Produkt

„Produkte" im Sinne des Produkthaftungsgesetzes sind nur bewegliche Sachen,[43] wozu somit auch Lebensmittel zählen. Auf besondere Verwendungszwecke oder spezielle Herstellungsarten, z.B. industrielle oder handwerkliche Fertigung, kommt es ebensowenig an wie auf eine besondere Gefährlichkeit.

Produkthaftungsgesetz
§ 2. Produkt

Produkt im Sinne dieses Gesetzes ist jede bewegliche Sache, auch wenn sie einen Teil einer anderen beweglichen Sache oder einer unbeweglichen Sache bildet, sowie Elektrizität. Ausgenommen sind landwirtschaftliche Erzeugnisse des Bodens, der Tierhaltung, der Imkerei und der Fischerei (landwirtschaftliche Naturprodukte), die nicht einer ersten Verarbeitung unterzogen worden sind; gleiches gilt für Jagderzeugnisse.

- Urprodukte „noch" ausgeschlossen

Für die gesamte Lebensmittelwirtschaft ist Satz 2 des § 2 ProdHaftG von speziellem Interesse; hier werden ausdrücklich landwirtschaftliche Naturprodukte sowie Jagderzeugnisse als Produkte im Sinne des ProdHaftG ausgeschlossen[44] (s.a. 2.3.6) – Produkte also, die nicht hergestellt, sondern durch Tierhaltung,

- „Urproduktion", z.B. das:
  – Fischen
  – Melken
  – Imkern
  – Ernten
  – Lesen von Wein, Beeren etc.

---

[43] Anmerkung: Immobilien gehören bspw. zu den unbeweglichen Sachen

[44] Ausnahme: gentechnisch veränderte Produkte; Haftung gemäß Fünfter Teil, Haftungsvorschriften, §§ 32-37 Gentechnikgesetz – GenTG (s. auch 2.3.2.7)

Entnahme aus dem Meer, aus Seen und Flüssen oder durch gartenbauliche Erzeugung *gewonnen*[45] werden.

Naturprodukte können insbesondere durch Schadstoffe der Umwelt oder auch durch Düngemittelrückstände, Insektizide, Pestizide so belastet sein, daß dies beim Konsum durch den Menschen der Gesundheit führen kann.

Eine Haftung für derartige, zuvor beispielhaft genannte, Naturprodukte entfällt nach dem ProdHaftG. Selbstverständlich besteht allerdings die Möglichkeit der Schadenersatzklage gemäß dem Deliktsrecht nach § 823 BGB. Allerdings dürfte es hier u.U. erheblich schwieriger sein, den Beweis zu führen.

An dieser Stelle soll nochmals darauf hingewiesen werden, daß die EG-Produkthaftungsrichtlinie geändert wurde und die objektive Produkthaftung auch für Urprodukte, d.h. also auch für landwirtschaftliche Erzeugnisse verbindlich eingeführt worden ist. Die Umsetzungsfrist für die Mitgliedsstaaten läuft bis zum 4. Dezember 2000; bis zur Umsetzung resp. Novellierung des Produkthaftungsgesetzes gilt allerdings die derzeitige Gesetzesfassung.

Der Haftungsauschluß für landwirtschaftliche Naturprodukte nach dem ProdHaftG gilt allerdings nur solange, wie diese Erzeugnisse noch nicht einem ersten Verarbeitungsschritt unterzogen wurden, z.B.:

• Vertrieb eines landwirtschaftlichen Naturproduktes

■ Ein Landwirt verkauft „Erdbeeren zum Selberpflücken". Nach dem Genuß der Früchte erkranken vorwiegend Kleinkinder.

Der Landwirt haftet nicht, wenn sich später herausstellt, daß diese Erdbeeren ohne sein Zutun und ohne seine Kenntnis gesundheitsschädigende Substanzen aufgenommen hatten.

---

[45] eine Parallele verzeichnet die Lebensmittelhygiene-Verordnung vom 05. August 1997 (BGBl. I S. 2008); gemäß § 1 Abs. 1 LMHV ist das Gewinnen von Lebensmitteln aus dem Geltungsbereich ausgenommen. Diese Verordnung gilt erst ab den Stufen, die der Urproduktion folgen (Bundesratsdrucksache 332/97)

- Um absolut frische Erdbeervariationen anbieten zu können, läßt ein Gastronom bei einem Landwirt, der „Erdbeeren zum Selberpflücken" anbietet, durch einen Schüler Erdbeeren ernten. Diese Erdbeeren werden u.a. zu einem Mark verarbeitet und zum Nachtisch gereicht.

  Im Gegensatz zum Landwirt haftet der Gastronom für alle Schäden, die sich durch den Genuß der in Verkehr gebrachten Erdbeerzubereitung ergeben – gleichgültig ob er eine Kontamination überhaupt erkennen konnte.

• Inverkehrbringen einer Lebensmittelzubereitung

Wie das o.g. Beispiel verdeutlichen will, ist unter einer *ersten Verarbeitung* eine Tätigkeit zu verstehen, die das Naturprodukt in einen anderen Zustand überführt, wie z.B. das Pasteurisieren von Rohmilch (Gemelk von Kühen), Keltern von Beeren zu Most, Filettieren von angelandetem Fisch oder das Vermahlen von Getreide.

• erste Verarbeitung

Tätigkeiten wie das Sortieren, Verwiegen, Verpacken und Lagern gelten dagegen nicht als Erstverarbeitung.

• keine Verarbeitung

Diese Abgrenzung zeigt Parallelen im Lebensmittel- und Bedarfsgegenständegesetz; im § 7 LMBG wird zwischen Herstellen und Behandeln wie folgt unterschieden:

- Herstellen
  das (Gewinnen)[46], Herstellen, Zubereiten, Be- und Verarbeiten

- Behandeln
  das Wiegen, Messen, Um- und Abfüllen, Stempeln, Bedrucken, Verpacken, Kühlen, Lagern, Aufbewahren, Befördern

• unbearbeitet: das Produkt wird „naturrein" dem Vertrieb zugeführt

---

[46] wie bereits erwähnt, sind gemäß § 2 Satz 2 ProdHaftG Produkte, die als „landwirtschaftliche Naturprodukte" *gewonnen* wurden, „noch" ausgenommen; es sei denn, es handelt sich um Produkte, die gentechnisch veränderte Organismen enthalten oder aus solchen bestehen (s.a. 2.3.6)

2.3.2.3
Produktfehler

„Fehler" oder auch *„Fehlerhaftigkeit"* bedeutet im Sinne des ProdHaftG einen technischen und einen mit wirtschaftlichen Mitteln vermeidbaren *„Mangel an Sicherheit "*.

Produkthaftungsgesetz
§ 3. Fehler

(1) Ein Produkt hat einen Fehler, wenn es nicht die Sicherheit bietet, die unter Berücksichtigung aller Umstände, insbesondere

a) seiner Darbietung,
b) des Gebrauchs, mit dem billigerweise gerechnet werden kann,
c) des Zeitpunkts, in dem es in den Verkehr gebracht wurde,

berechtigterweise erwartet werden kann.

(2) Ein Produkt hat nicht allein deshalb einen Fehler, weil später ein verbessertes Produkt in den Verkehr gebracht wurde.

Der in § 3 Abs. 1 dargelegte Fehlerbegriff entspricht der Auslegung des Produzentenhaftungsrechts gemäß § 823 BGB, das durch Richterrecht entwickelt wurde (s. 2.3.1).

Der entscheidende Unterschied bzgl. des Begriffs *„Fehler"* zwischen dem Produkthaftungsgesetz und der deliktischen Produzentenhaftung nach dem Bürgerlichen Gesetzbuch stellt sich wie folgt dar:

• hier Fehler

- ProdhaftG: *Fehler ist ein Mangel an Sicherheit, gleichgültig ob mit oder ohne Schuld. Für den Entlastungsbeweis des „Ausreißer-Schaden" ist hier kein Raum.*

• dort Fehlverhalten

- § 823 BGB: *Es wird nicht auf den Fehler, sondern auf fehlerhaftes, d.h. rechtswidriges und schuldhaftes Verhalten des Produzenten abgestellt; der „Ausreißer-Einwand" bleibt erhalten.*

Fehler ist der **zentrale Begriff!** § 3 Abs. 1 ProdHaftG knüpft die Haftung an die Fehlerhaftigkeit an. Zur

.Jestimmung der Fehlerhaftigkeit eines Produktes ist nicht auf dessen mangelnde Gebrauchsfähigkeit, sondern auf einen Mangel an Sicherheit abzustellen, die von der Allgemeinheit *berechtigterweise* erwartet werden darf. Für die an das Lebensmittel zu stellenden Sicherheitsanforderungen kommt es nicht auf den Stand der Fähigkeiten oder die Sorgsamkeit des Geschädigten, sondern auf die *Verkehrsanschauung* an.

Was darunter im Einzelfalle zu verstehen ist, wird erst die Gerichtspraxis im Laufe der kommenden Jahre zeigen.

Besonders die folgenden Punkte, sind im Hinblick auf ein Sicherheitsdefizit zu beachten:

- Darbietung des Produktes
  - Präsentation des Produktes nach außen, wie Verpackung, Aufbewahrungsvorschriften, Zubereitungs- und Verzehrshinweise, evt. Bedienungsanleitung, aber auch Werbung, Anpreisung, Verkaufsgespräche

- Gebrauch des Produktes, mit dem billigerweise gerechnet werden kann
  - das kann auch ein bestimmungswidriger Gebrauch, ein *ungewollter* Fehlgebrauch sein, sofern mit ihm nach allgemeiner Lebenserfahrung gerechnet werden muß

- Zeitpunkt des Inverkehrbringens
  - spätere Erkenntnisse, aus denen sich nachträglich ergibt, daß das hergestellte Produkt gefährlich ist, spielen bei dieser Betrachtung keine Rolle

Ein Produkt ist fehlerhaft, wenn es nicht die Sicherheit bietet, die man unter Berücksichtigung aller Umstände zu erwarten berechtigt ist. Daraus ergibt sich, daß der **Blickwinkel des Verbrauchers** (Abb. 2.6) bezüglich einer *Sicherheitserwartung* (Abb. 2.8) ausschlaggebend ist.

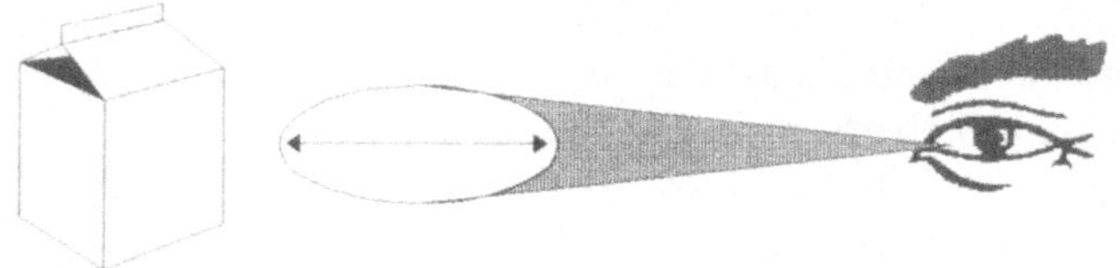

Abb. 2.6. Blickwinkel des Verbrauchers

Der **Blickwinkel des Herstellers** wird aufgrund des spezifischen *Fach*wissens ein anderer, zumindest nur in seltenen Fällen zunächst deckungsgleich mit dem des Verbrauchers sein (Abb. 2.7). Wenn auch der Verbraucherblickwinkel nicht der alleinige Maßstab ist, so ist der Hersteller gut beraten, sich mit der Konsumentenerwartung auseinanderzusetzen (Abb. 2.9).

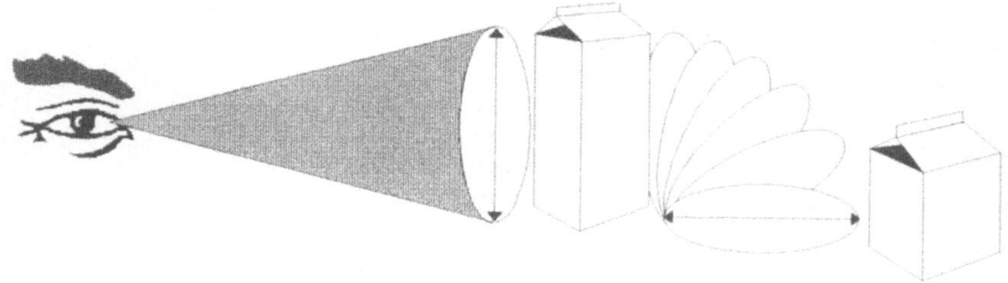

Abb. 2.7. Blickwinkel des Herstellers

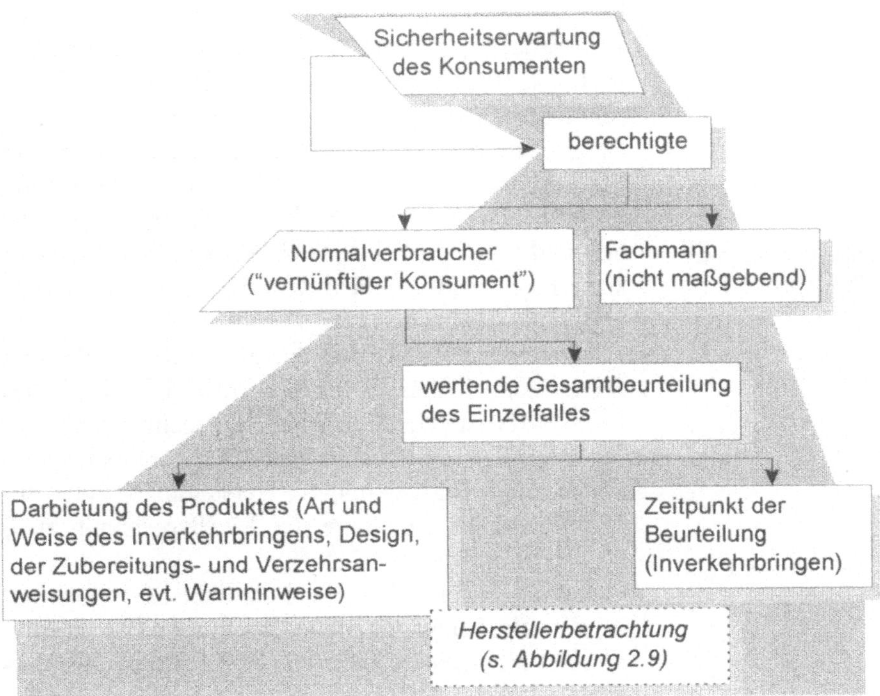

Abb. 2.8. Sicherheitserwartung des Konsumenten (Verbraucherblickwinkel)

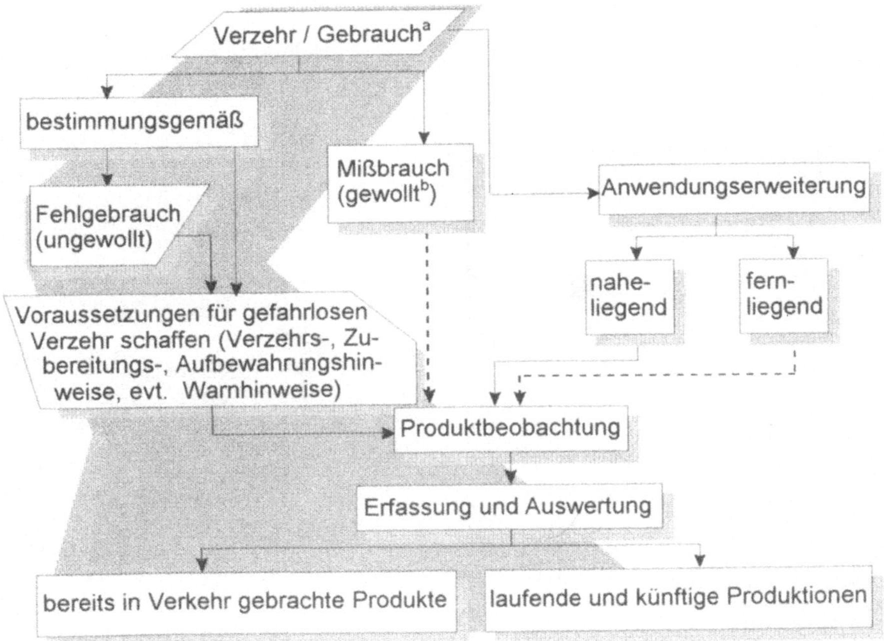

[a] Bedarfsgegenstände, Spielsachen (als Beilagen zu Lebensmitteln)   [b] z.B. mißbräuchlicher Alkoholgenuß

Abb. 2.9. Konsumentenerwartung, mit der ein Hersteller rechnen muß

• strikte Beachtung der Pflichtenkreise

Die vorstehenden Abbildungen 2.8 und 2.9 sollen verdeutlichen, daß ein lebensmittelherstellender Betrieb anerkanntes Fachwissen in technischen und wissenschaftlichen Bereichen im Rahmen des technisch Möglichen und wirtschaftlich Zumutbaren bei der Planung, Entwicklung, Herstellung und Darbietung seiner Produkte berücksichtigen muß, um die Sicherheit und Ungefährlichkeit der hergestellten Waren zu sichern. Es müssen also von Experten anerkannte „optimale Lösungen" verwirklicht werden.

Dies bedeutet u.a., daß auf alle Fälle ein Produkt immer dann fehlerhaft im Sinne von § 3 Abs. 1 des ProdHaftG ist, wenn es einen mit technischen oder wirtschaftlich zumutbaren Mitteln vermeidbaren Planungs- und Entwicklungs-, Herstellungs- oder Instruktionsfehler im Sinne der Rechtsprechung zu § 823 BGB enthält (s. 2.3.2.3).

Jeder Umstand, der die Sicherheit beeinträchtigt, ist also ein Fehler im Sinne des ProdHaftG und begründet hiernach ausnahmslos eine Haftung des Herstellers (Abb. 2.10).

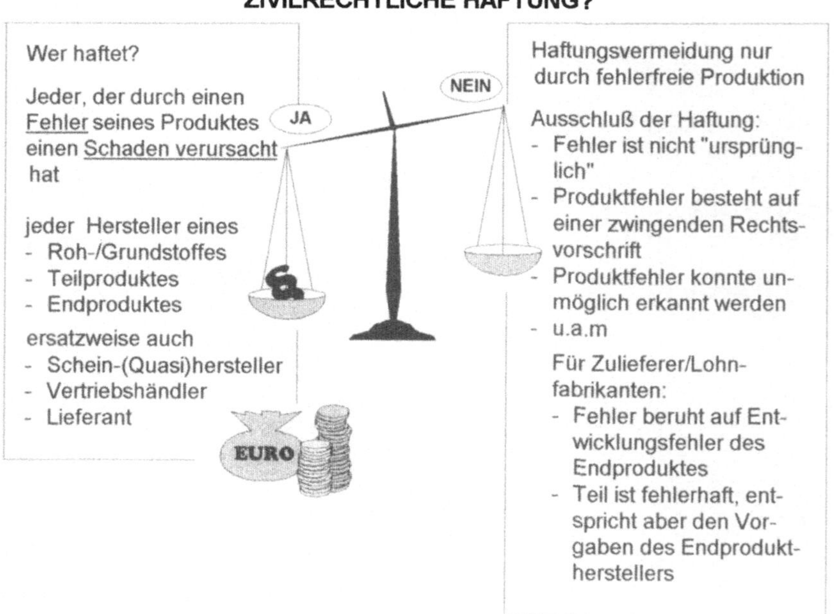

Abb. 2.10. Außervertragliche Haftung. Haftung nach dem ProdHaftG

2.3.2.4
Hersteller

Während § 823 BGB den Begriff des Herstellers nicht kennt, geht das ProdHaftG von einem **weiten Herstellerbegriff** aus.

Produkthaftungsgesetz
§ 4. Hersteller

(1) Hersteller im Sinne des Gesetzes ist, wer das Endprodukt, einen Grundstoff oder ein Teilprodukt hergestellt hat. Als Hersteller gilt auch jeder, der sich durch das Anbringen seines Namens, seines Warenzeichens oder eines anderen unterscheidungskräftigen Kennzeichens als Hersteller ausgibt.

(2) Als Hersteller gilt ferner, wer ein Produkt zum Zweck des Verkaufs, der Vermietung, des Mietkaufs oder einer anderen Form des Vertriebs mit wirtschaftlichem Zweck im Rahmen seiner geschäftlichen Tätigkeit in den Geltungsbereich des Vertrages zur Gründung der Europäischen Wirtschaftsgemeinschaft einführt oder verbringt.

(3) Kann der Hersteller des Produktes nicht festgestellt werden, so gilt jeder Lieferant als dessen Hersteller, es sei denn, daß er dem Geschädigten innerhalb eines Monats, nachdem ihm dessen diesbezügliche Aufforderung zugegangen ist, den Hersteller oder diejenige Person benennt, die ihm das Produkt geliefert hat. Dies gilt auch für ein eingeführtes Produkt, wenn sich bei diesem die im Absatz 2 genannte Person nicht feststellen läßt, selbst wenn der Name des Herstellers bekannt ist.

- tatsächlicher Hersteller
- Quasi- oder Scheinhersteller
- Importeur
- ersatzweise jeder Lieferant

Erfüllen in einem Schadensfall mehrere der vorstehend genannten Personen die Voraussetzungen einer Haftung nach dem ProdHaftG (z.B. der Hersteller eines fehlerhaften Rohstoffes oder Primärpackmittels und der Fertigprodukthersteller, dessen Fertigprodukt durch jenes Zulieferteil – bspw. Rohstoff oder Packmittel – fehlerhaft wird, oder der tatsächliche Hersteller und der Quasihersteller), dann haften diese mehreren Personen nach *außen*, d.h. dem Geschädigten gegenüber, gemeinsam als sogenannte Gesamtschuldner.

- Haftungsgemeinschaft gegenüber dem Geschädigten

Jeder einzelne dieser Haftungsgemeinschaft schuldet in voller Höhe Ersatz für den gesamten entstandenen Schaden. Der geschädigte Konsument kann deshalb gegen jeden einzelnen Ersatzpflichtigen so lange vorgehen, bis sein Schaden *ein Mal* voll gedeckt ist. Der geschädigte Verbraucher hat somit für seine Schadenersatzforderung nicht nur einen, sondern mehrere Schuldner, und kann sich nach seinem Belieben ganz oder teilweise an einen oder mehrere von ihnen halten. Dies kann insbesondere dann von erheblicher Bedeutung sein, wenn einer der Ersatzpflichtigen ohne Vermögen ist oder in Vermögensverfall gerät.

• Haftungsgemeinschaft im „Innenverhältnis"

Wie der Schaden im *Innenverhältnis,* d.h. unter den einzelnen ersatzpflichtigen und gesamtschuldnerischen Schadensverursachern, aufzuteilen ist, richtet sich nach der Vereinbarung für diesen Fall durch die Geschäftspartner. So kann bspw. *ein* Gesamtschuldner den geschädigten Konsumenten hinsichtlich Haftung zufrieden stellen. Inwieweit der *eine* Gesamtschuldner von den anderen Gesamtschuldnern ganz oder teilweise Ersatz seiner Aufwendungen beanspruchen kann, ist ebenfalls von Vereinbarungen abhängig, die das Verhältnis der Ersatzpflichtigen zueinander regelt.

Sind diesbezüglich keine Vereinbarungen getroffen, hängt die Haftungsverteilung im Innenverhältnis davon ab, inwieweit der Schaden vorwiegend von dem *einen* oder dem *anderen* Teil der Haftungsgemeinschaft verursacht worden ist. Die Haftungsverteilung erfolgt nach dem Gewicht resp. der Wertigkeit der Verursachungsbeiträge der einzelnen Gesamtschuldner. Im übrigen verweist § 5 ProdHaftG auf die Regelungen der §§ 421 bis 425 sowie § 426 Abs. 1 Satz 2 und Abs. 2 des Bürgerlichen Gesetzbuches.

• Bürgerliches Gesetzbuch:
 – § 421 Gesamtschuldner
 – § 422 Wirkung der Erfüllung
 – § 423 Wirkung des Erlasses
 – § 424 Wirkung des Gläubigerverzugs
 – § 425 Wirkung anderer Tatsachen
 – § 426 Ausgleichungspflicht der Gesamtschuldner

2.3.2.5
Abgrenzung der Hersteller

Die Begriffe „Herstellen und Behandeln" haben hinsichtlich der Produzentenhaftung eine besondere Bedeutung zur Abgrenzung zwischen Hersteller und Händler. Aus diesem Grunde wird nachstehend der § 7 des Lebensmittel- und Bedarfsgegenständegesetz im Wortlaut wiedergegeben.

Lebensmittel- und Bedarfsgegenständegesetz
§ 7. Sonstige Begriffsbestimmungen

(1) Im Sinne dieses Gesetzes ist:

Herstellen:
das Gewinnen, Herstellen, Zubereiten, Be- und Verarbeiten;

Inverkehrbringen:
das Anbieten, Vorrätighalten zum Verkauf oder zu sonstiger Abgabe, Feilhalten und jedes Abgeben an andere;

Behandeln:
das Wiegen, Messen, Um- und Abfüllen, Stempeln, Bedrucken, Verpacken, Kühlen, Lagern, Aufbewahren, Befördern sowie jede sonstige Tätigkeit, die nicht als Herstellen, Inverkehrbringen oder Verzehren anzusehen ist;

Verzehren:
das Essen, Kauen, Trinken sowie jede sonstige Zufuhr von Stoffen in den Magen.

(2) Dem gewerbsmäßigen Herstellen, Behandeln und Inverkehrbringen im Sinne dieses Gesetzes stehen das Herstellen, das Behandeln und die Abgabe in Genossenschaften oder sonstigen Personenvereinigungen für deren Mitglieder sowie in Einrichtungen zur Gemeinschaftsverpflegung gleich.

Ein Ver- und auch Umpacken, ein Ab- und Umfüllen macht einen **Händler** noch nicht zu einem **Hersteller**. Es ist hier zwischen typischen Herstellerfunktionen (Zubereiten, Be- und Verarbeiten = stoffliche Umwandlung von Lebensmitteln) und spezifischen Händlerfunktionen zu differenzieren.

• Hersteller/Händler

Wird bspw. bei einer spezifischen Händlerfunktion ein Lebensmittel derart negativ beeinflußt, daß ein Konsument einen Schaden erleidet, kann von Seiten des Geschädigten nur nach der deliktischen Haftung gemäß § 823 BGB (vergl. 2.3.1) – bzw. aus positiver Vertragsverletzung (s. 2.3.3.2), die ebenfalls ein Verschulden voraussetzt – vorgegangen werden.

Werden allerdings in einem Reformhaus mehrere Getreidesorten gequetscht, gemischt und mit anderen Ingredienzen versetzt, so wird der Reformhausinhaber vom Händler zum Hersteller, da durch die genannten Verarbeitungsschritte ein neues Produkt geschaffen wurde (Abb. 2.11). Sollte durch die Bearbeitung ein Produktfehler entstanden sein (z.B. Holzsplitter beim

Quetschen der Getreidekörner), der Verletzungen beim Konsumenten im Rachenraum hervorruft, so haftet der Reformhausbesitzer, da er zum Endprodukthersteller eines neuen Produktes im Sinne des § 4 Abs. 1 Satz 1 ProdHaftG geworden ist.

Art des Herstellers:

1. Endhersteller durch Verarbeitungsschritte
   → (§ 4 Abs. 1 Satz 1 ProdHaftG)

Abb. 2.11 . Händler ist zugleich Hersteller

• Quasi-Hersteller

Ein anderer Reformhausbesitzer bezieht von einem Getreideproduktehersteller Müsli in Packmitteln des Reformhauses (Abb. 2.12). Er selbst hat das Produkt somit nicht hergestellt, tritt aber durch Anbringen seines Namens auf dem Packmittel als Hersteller auf.

Art des Herstellers:

1. Quasi- oder Scheinhersteller
   → (§ 4 Abs. 1 Satz 2 ProdHaftG)
2. Auffang-Händler-Haftung
   → (§ 4 Abs. 3 ProdHaftG)

Abb. 2.12 . Händler tritt als Quasi-Hersteller auf

Als Hersteller gilt ebenfalls, wer ein Lebensmittel zu wirtschaftlichen Zwecken im Rahmen seiner geschäftlichen Tätigkeit aus einem Drittstaat in den Geltungsbereich der Europäischen Union einführt (Abb. 2.13). Somit gilt der Importeur als Hersteller und haftet im Falle eines Produkthaftpflichtschadens.

• Importeur mit Sitz in Deutschland

Abb. 2.13. Importeur gilt als Hersteller

Bzgl. Rechtsverfolgung ergeben sich dann Erschwernisse, wenn der Importeur seinen Firmensitz im Ausland hat (Abb. 2.14).

• Importeur mit Sitz im Ausland

Abb. 2.14. Importeur gilt als Hersteller oder jeder Lieferant

- Importeur mit Sitz in einem EU-Ausland, d.h. innerhalb des Binnenmarktes

§ 4 Abs. 3 ProdHaftG bestimmt, daß jeder Lieferant als Hersteller gilt, sofern der tatsächliche Produzent nicht festgestellt werden kann. Der Lieferant (hier als Händler) kann allerdings von einer Haftung freigestellt werden, wenn er der Aufforderung des Geschädigten nachkommt und diesem binnen eines Monats den tatsächlichen Hersteller oder diejenige Person nennt, der/die den Händler mit der fehlerhaften Ware beliefert hat.

Da innerhalb der Europäischen Union die Haftung einheitlich bewertet wird und der Gerichtsstand der Schadensort resp. der Verbraucherwohnsitz ist, ist eine Vollstreckbarkeit auch über die EU-Ländergrenzen problemlos.

- Importeur mit Sitz im außereuropäischen Ausland, d.h. außerhalb des Binnenmarktes

Hat der Importeur seinen Firmensitz in einem außereuropäischen Drittland, würde die Rechtsverfolgung durch den geschädigten Konsumenten innerhalb des EU-Binnenmarktes vereitelt. Damit dieses nicht eintreten kann, ist eine Freistellung des Lieferanten (hier als Händler) nur dann gegeben, wenn der Importeur des ausländischen Produktes seinen Firmensitz innerhalb des europäischen Wirtschaftsraumes inne hat.

Weitere Beispiele zur Herstellerabgrenzung bzw. zu Herstellereigenschaften werden in den nachstehenden Abbildungen 2.15 bis 2.17 dargestellt.

PRIMA DISKONT GMBH
ZWEIGNIEDERLASSUNGEN NORD - SÜD - OST - WEST
PRIMA's KAFFEERÖSTEREI BREMEN

Eigenschaft des Herstellers:
Händler zugleich auch Hersteller
→ (§ 1 Abs. 1 Satz 1 ProdHaftG)

Abb. 2.15. Hersteller verfügt über eigenen Vertriebskanal

GEBRAUT NACH DEM DEUTSCHEN REINHEITSGEBOT
IM OBERALLGÄU
GUT & BILLIG WAREN AG HAMBURG

Eigenschaften des Hersteller
1. Händler zugleich auch Hersteller?
   → (§ 1 Abs. 1 Satz 1 ProdHaftG)
2. Händler Quasi-Hersteller?
   → (§ 1 Abs. 1 Satz 2 ProdHaftG)

Abb. 2.16. Mehrdeutige Regelung – Vertreiber evtl. auch Endprodukthersteller

RHEINGOLD KELTEREI BORNHEIM
HERGESTELLT FÜR: PRIMA DISKONT SÜD

Kelterei ist Hersteller!
→ (§ 1 Abs. 1 Satz 1 ProdHaftG)

Abb. 2.17. Eindeutige Regelung – Vertreiber kein Endprodukthersteller

2.3.2.6
Weitere wichtige Regelungen zum Produkthaftungsgesetzes

Die Haftung nach dem ProdHaftG darf im voraus, z.B. in „Allgemeinen Geschäftsbedingungen", weder ausgeschlossen noch eingeschränkt werden. Etwaige Ausschlüsse sind daher unwirksam.

Vorschriften, nach denen ein Ersatzpflichtiger in weiterem Umfang als nach dem ProdHaftG haftet oder nach denen ein anderer für den Schaden verantwortlich ist, werden durch das ProdHaftG nicht berührt, so bspw. die vertragliche Haftung oder andere außervertragliche Haftungsgrundlagen.

2.3.2.7
Andere außervertragliche Haftungsgrundlagen

Zu einer anderen außervertraglichen Haftungsgrundlage, die für die gesamte Lebensmittelwirtschaft von Bedeutung ist, zählt das Gesetz zur Regelung der Gentechnik[47] und hier insbesondere der § 37 Abs. 2 in Verbindung mit Abs. 1 der nachstehend wiedergegeben ist.

Gentechnikgesetz
§ 37. Haftung nach anderen Rechtsvorschriften
(1) Wird infolge der Anwendung eines zum Gebrauch bei Menschen bestimmten Arzneimittels, das im Geltungsbereich des Arzneimittelgesetzes an den Verbraucher abgegeben wurde und der Pflicht zur Zulassung unterliegt oder durch Rechtsverordnung von der Zulassung befreit worden ist, jemand getötet oder an Körper oder Gesundheit verletzt, so sind die §§ 32 bis 36 nicht anzuwenden.

(2) Das gleiche gilt, wenn Produkte, die gentechnisch veränderte Organismen enthalten oder aus solchen be-

---

[47] Gentechnikgesetz – GenTG vom 16. Dezember 1993 (BGBl. I S. 2066), geändert durch Art. 7 des EWR-AusführungsG vom 27.4.1993 (BGBl. I S. 512) und Art. 5 d. GNG vom 24. 6. 1994 (BGBl. I S. 1416)

stehen, auf Grund einer Genehmigung nach § 16 Abs. 2 oder einer Zulassung oder Genehmigung nach anderen Rechtsvorschriften im Sinne des § 2 Nr. 4 zweiter Halbsatz in den Verkehr gebracht werden. In diesem Fall finden für die Haftung desjenigen Herstellers, dem die Zulassung oder Genehmigung für das Inverkehrbringen erteilt worden ist, § 1 Abs. 2 Nr. 5 und § 2 Satz 2 des Produkthaftungsgesetzes keine Anwendung, wenn der Produktfehler auf gentechnischen Arbeiten beruht.

(3) Eine Haftung auf Grund anderer Vorschriften bleibt unberührt.

Wenn also durch gentechnisch hergestellte Lebensmittelprodukte, die aufgrund einer Genehmigung nach § 16 Abs. 2 oder § 2 Nr. 4 in Verkehr gebracht wurden, Konsumenten Schäden im Sinne des ProdHaftG davon tragen, kann der Hersteller sich nicht der Haftung mit Hinweis auf § 1 Abs. 2 Nr. 5 ProdHaftG (gemäß Stand der Wissenschaft und Technik konnte der Fehler zum Zeitpunkt des Inverkehrbringens nicht erkannt werden) entziehen.

Da auch § 2 Satz 2 ProdHaftG ausgeschlossen ist, bedeutet dies, daß für landwirtschaftliche Naturprodukte sowie für Jagderzeugnisse auch dann zu haften ist, wenn diese **nicht** einer ersten Verarbeitung unterzogen wurden. Allerdings wird gemäß § 37 Abs. 2 GenTG vorausgesetzt, daß der Produktfehler auf gentechnischen Arbeiten beruht. Dieser Umstand führt zu besonderen Schwierigkeiten der Beweisführung bzgl. der Kausalität zwischen dem Produktfehler und dem gentechnischen Arbeiten durch den Geschädigten.

Allerdings schließt § 37 GenTG die Anwendung des § 34 GenTG ausdrücklich aus. Dieser Paragraph, der nachstehend wiedergegeben ist, legt fest, daß die Ursachenvermutung zu Lasten desjenigen geht, der für die gentechnischen Arbeiten verantwortlich ist.

Gentechnikgesetz
§ 34. Ursachenvermutung

(1) Ist der Schaden durch gentechnisch veränderte Organismen verursacht worden, so wird vermutet, daß er durch Eigenschaften dieser Organismen verursacht wurde, die auf gentechnischen Arbeiten beruhen.

- Gentechnikgesetz:
  Regelung des Inverkehrbringens
  – § 2 Anwendungsbereich
  – § 16 Genehmigung bei Freisetzung und Inverkehrbringen

- z.B. unverarbeitetes Getreide, lebende Tiere

- Kausalität: Zusammenhang von Ursache und Wirkung

(2) Die Vermutung ist entkräftet, wenn es wahrscheinlich ist, daß der Schaden auf anderen Eigenschaften dieser Organismen beruht.

2.3.3
Vertragliche Haftung

Wie unter 2.3 einleitend erwähnt, können neben der *außervertraglichen Haftung* nach § 823 Bürgerliches Gesetzbuch (Produzentenhaftung) sowie dem Produkthaftungsgesetz auch Ansprüche aus *vertraglicher Haftung* geltend gemacht werden.

2.3.3.1
Gewährleistungshaftung

Rechte aus Gewährleistungen kommen dann in Frage, wenn ein minderwertiges, d. h. nicht vertragsgemäßes Produkt übergeben wurde.

• ein Inverkehrbringen ist ein Übergeben an den Konsumenten als Endverbraucher

Der Anspruch auf Gewährleistung gilt allerdings immer nur unmittelbar, d.h. direkt zwischen Auftraggeber und Auftragnehmer – also nicht zwischen dem Hersteller und dem am Ende der Absatzkette stehenden Kunden. Eine Ausnahme gibt es allerdings auch hier. Sofern der Hersteller gleichzeitig auch als Verkäufer seiner Waren fungiert, stellvertretend sei der Restaurant-Besitzer, der Fleischer und Bäcker genannt, hat er die Verpflichtung, seinem Kunden gegenüber Gewährleistungsrechte einzuräumen.

• Käufer = Kunde oder auch Auftraggeber, Verwender
• Verkäufer = Lieferant oder auch Auftragnehmer, Veräußerer

Auch für die vertragliche Vereinbarung zwischen **Käufer und Verkäufer** gibt es gesetzliche Grundlagen, und zwar die Paragraphen 433 bis 463 des Bürgerlichen Gesetzbuchs, die dort das Kaufrecht behandeln.

Während sich die §§ 433 - 458 mit allgemeinen Vorschriften befassen, regelt § 459ff Gewährleistungen wegen Mängel der Sache.

Bürgerliches Gesetzbuch
§ 459. Haftung für Sachmängel

(1) Der Verkäufer einer Sache haftet dem Käufer dafür, daß sie zu der Zeit, zu welcher die Gefahr auf den Käufer übergeht, nicht mit Fehlern behaftet ist, die den Wert oder die Tauglichkeit zu dem gewöhnlichen oder dem nach dem Vertrage vorausgesetzten Gebrauch aufheben oder mindern. Eine unerhebliche Minderung des Wertes oder der Tauglichkeit kommt nicht in Betracht.

(2) Der Verkäufer haftet auch dafür, daß die Sache zur Zeit des Überganges der Gefahr die zugesicherten Eigenschaften hat.

Entspricht das übergebene Produkt nicht der vertraglich vereinbarten Beschaffenheit (Auftragnehmer/Auftraggeber im industriellen Bereich) bzw. der allgemein gültigen Verkehrsauffassung (Verkäufer/Konsument), so hat der Abnehmer zwischen verschiedenen Gewährleistungsansprüchen die Wahl.

In Frage kommen nach § 462 BGB

- das Herabsetzen des ursprünglich vereinbarten Preises um einen Wert, der dem Mangel entspricht   • Minderung

  oder

- das Rückgängigmachen des Vertrages durch die Erstattung des Kaufpreises gegen Rückgabe der Ware.   • Wandelung

Beschaffenheitsabweichungen beruhen u.a. auf

- einem Qualitätsmangel hinsichtlich Wert und Tauglichkeit,
- einem Mangel bzgl. der Menge (Quantität),
- Verpackungsmängeln.

Neben der Wandelung und Minderung enthalten die gesetzlichen Gewährleistungsrechte in § 463 BGB auch Regelungen über Schadensersatzansprüche.   • Schadensersatz

Bürgerliches Gesetzbuch
§ 463. Schadensersatz wegen Nichterfüllung
Fehlt der verkauften Sache zur Zeit des Kaufes eine zugesicherte Eigenschaft, so kann der Käufer statt der Wandelung oder der Minderung Schadensersatz wegen Nicht-

erfüllung verlangen. Das gleiche gilt, wenn der Verkäufer einen Fehler arglistig verschwiegen hat .

- Fehlen einer zugesicherten Eigenschaft

Der Käufer kann somit **entweder** das mangelhafte Produkt behalten und einen Ausgleich des Minderwertes verlangen, d.h. so gestellt werden, wie er bei einer ordnungsgemäßen Vertragserfüllung stehen würde, wobei *u.U. auch bestimmte Folgeschäden* zu ersetzen wären, **oder** er kann das mangelhafte Produkt dem Verkäufer zurückgeben und Ersatz des gesamten Schadens verlangen, der ihm dadurch entstanden ist – der Vertrag ist durch den Verkäufer nicht erfüllt worden.

- Nichterfüllung eines Vertrages

- Eigenschaften/ Produktmerkmale

Eigenschaften sind solche Produktmerkmale, die dem Produkt unmittelbar zugehörig sind. Bzgl. **zugesicherter Eigenschaften** durch einen Verkäufer ist stets **Vorsicht** geboten. Formulierungen wie *„Angebot der Ware wie bemustert"*, die Bezugnahme auf Produktbeschreibungen oder Werbeaussagen des Anbieters und weitere einseitige Erklärungen reichen ebenso wenig aus wie Absprachen über Qualitätsstandards/Gütebezeichnungen in Verkaufsgesprächen.

Zusicherungen bzgl. Eigenschaften gehen über normale Verkaufserklärungen hinaus. Zusicherung müssen ausdrücklich und schlüssig sein. Es muß ersichtlich sein, daß der Kaufwille von Merkmalsbestätigungen abhängig ist. Beiderseitig anerkannte Rohstoff- oder Packmittelspezifikationen mit den relevanten, im Sinne unverzichtbarer Eigenschaften sollten stets Bestandteil von Liefervereinbarungen sein. Dort wo lebensmittelrechtliche Anforderungen per Gesetz resp. Verordnung vorgeschrieben sind, ist das Abverlangen einer Zusicherung bzgl. Einhaltung von Eigenschaften nicht erforderlich. Datenblätter, DIN-Normen bei Packmittel und sonstige „öffentliche Vorschriften" sind dagegen grundsätzlich noch keine Zusicherung von Eigenschaften.

- auf beidseitige Anerkennung von Eigenschaften achten

- Einhalten gesetzlich vorgeschriebener Eigenschaften

- Folgeschaden

Tritt bei einem Käufer infolge eines Mangels des Lieferproduktes, z.B. des einzusetzenden Rohstoffes oder Packmittels, ein Schaden dadurch ein, daß ein Fertigprodukt zur geplanten Weiterveräußerung nicht termingerecht hergestellt und dadurch nur mit Verlust veräußert werden kann, könnte der Fall gegeben sein, daß der Verkäufer als Vertragspartner auch diesen Schaden zu ersetzen hätte.

Nicht unerwähnt bleiben darf der **Werkvertrag**, der auch in der Lebensmittelindustrie keinesfalls von geringer Bedeutung ist. Auch für diese vertragliche Vereinbarung zwischen **Auftraggeber und Auftragnehmer** gibt es gesetzliche Grundlagen, und zwar die Paragraphen 631 bis 651 des Bürgerlichen Gesetzbuchs.

• Werkvertragsrecht

Bürgerliches Gesetzbuch
§ 631. Wesen des Werkvertrags

(1) Durch den Werkvertrag wird der Unternehmer zur Herstellung des versprochenen Werkes, der Besteller zur Entrichtung der vereinbarten Vergütung verpflichtet.

(2) Gegenstand des Werkvertrags kann sowohl die Herstellung oder Veränderung einer Sache als ein anderer durch Arbeit oder Dienstleistung herbeizuführender Erfolg sein.

Lohnfabrikationsverträge sind ein typisches Beispiel für Werkverträge in der Lebensmittelindustrie. Gerade in diesem Bereich erlangt das Gewährleistungsrecht eine besondere Bedeutung – insbesondere dann, wenn vom Auftraggeber als Besteller Teile beigestellt werden (Submischungen, Pre-Mix's etc.), deren Zusammensetzung und technologisches Verhalten aus Gründen des „know how" verschwiegen werden.

• Lohnfabrikationsvertrag

Vor dem Zeitpunkt der **Abnahme** hat der Besteller die Möglichkeit, u.a.

- die Abnahme zu verweigern und
- sein Recht auf Schadensersatz wegen Nichterfüllung des Vertrages geltend zu machen,
- vom Recht auf Neuherstellung Gebrauch zu machen oder gar
- vom Werkvertrag zurückzutreten.

In den überwiegenden Fällen zeigt sich ein Mangel aber erst dann, wenn das Lohnfabrikat abgenommen wurde.

- Nachbesserung und
  Mängelbeseitigung
- Wandelung und
  Minderung
- Schadensersatz wegen
  Nichterfüllung

Nach der **Abnahme** sieht die Rechtslage anders aus:

Jetzt ergeben sich die Rechtsfolgen (analog des Kaufvertrags) wegen Übergabe einer mängelbehafteten Leistung nach den gesetzlichen Gewährleistungsvorschriften, die in den §§ 633 ff. BGB festgelegt sind.

2.3.3.2
„Haftung aus positiver Vertragsverletzung"

- Mangelfolgeschaden

Wurde durch einen eingekauften mangelhaften Rohstoff oder ein Primärpackstoff beim Käufer ein Folgeschaden an Gesundheit, Leben, Eigentum, sonstigem Vermögen verursacht, der **nicht** von der Gewährleistungsregelung erfaßt wird, so haftet der Verkäufer kraft des geschlossenen Verkaufvertrages nur dann, wenn dieser Schaden darauf zurückzuführen ist, daß der Verkäufer eine ihm obliegende vertragliche Pflicht *schuldhaft*, d.h. vorsätzlich oder *fahrlässig*, verletzt hat. Man spricht auch von der vertraglichen Haftung für Schäden, die durch eine schuldhafte Verletzung vertraglicher Pflichten verursacht wurden.

- bewußt, gewollt unter
  Mißachtung der ge-
  botenen Sorgfalt

Die Haftung aus Folgeschäden kann durch **einzelvertragliche** Vereinbarungen ausgeschlossen werden. Davon wird in aller Regel Gebrauch gemacht, in dem bei Auftragsbestätigungen des Verkäufers darauf hingewiesen wird, daß für eventuelle Folgeschäden nicht gehaftet werden kann. Einen **generellen** Haftungsausschluß für Mangelfolgeschäden bereits im Rahmen der „Allgemeinen Geschäftsbedingungen" festzulegen, ist dagegen laut § 11 Nr. 11 des AGBG[48] unzulässig.

---

[48] Gesetz zur Regelung des Rechts der Allgemeinen Geschäftsbedingungen

2.3.3.3
Untersuchungs- und Rügepflicht

Gewährleistungansprüche (Ansprüche auf Wandelung,, Minderung sowie auf Schadensersatz) wegen Mangels einer zugesicherten Leistung verjähren bei Kaufverträgen gemäß § 477 BGB in 6 Monaten bei beweglichen Sachen – also auch bei Lebensmitteln.

Für die Rechtslage bei einem Handelsgeschäft ist das Handelsgesetzbuch (HGB) und hier § 377 Untersuchungs- und Rügepflicht sowie § 378 Untersuchungs und Rügepflicht bei Falschlieferungen oder Mengenfehlern zu beachten.

• Rechtslage unter Kaufleuten

Handelsgesetzbuch
§ 377. Untersuchungs- und Rügepflicht

(1) Ist der Kauf für beide Teile ein Handelsgeschäft, so hat der Käufer die Ware unverzüglich nach der Ablieferung durch den Verkäufer, soweit dies nach ordnungsmäßigem Geschäftsgange tunlich ist. zu untersuchen und, wenn sich ein Mangel zeigt, dem Verkäufer unverzüglich Anzeige zu machen.

(2) Unterläßt der Käufer die Anzeige, so gilt die Ware als genehmigt, es sei denn, daß es sich um einem Mangel handelt, der bei der Untersuchung nicht erkennbar war.

(3) Zeigt sich später ein solcher Mangel, so muß die Anzeige unverzüglich nach der Entdeckung gemacht werden; anderenfalls gilt die Ware auch in Ansehung dieses Mangels als genehmigt.

(4) Zur Erhaltung der Rechte des Käufers genügt die rechtzeitige Absendung der Anzeige.

(5) Hat der Verkäufer den Mangel arglistig verschwiegen, so kann er sich auf diese Vorschriften nicht berufen.

§ 378. Untersuchungs- und Rügepflicht bei Falschlieferungen oder Mengenfehlern

Die Vorschriften des § 377 finden auch dann Anwendung, wenn eine andere als die bedungene Ware oder eine andere als die bedungene Menge von Waren geliefert ist, sofern die gelieferte Ware nicht offensichtlich von der Bestellung so erheblich abweicht, daß der Verkäufer die Genehmigung des Käufers als ausgeschlossen betrachten muß.

* unter Umständen mikrobiologische, chemische und ggf. funktionale Prüfungen

Die Prüfung der eingegangenen Ware, bspw. Lebensmittelrohstoff oder Packmittel, soll den Beteiligten **schnelle** Klarheit über die Beschaffenheit der Ware verschaffen. Es besteht die Pflicht zur unverzüglichen Untersuchung der gelieferten Ware und zur unverzüglichen Rüge etwaiger Mängel; anderenfalls gilt der Mangel als genehmigt (§ 377 HGB), d.h. Gewährleistungsrechte können nicht mehr geltend gemacht werden.

Art, Umfang aber auch **Dauer** von Eingangsprüfungen muß sich nach der Art der Rohstoffe resp. Packmittel und nach den in der Branche des Abnehmers herrschenden Analysepraktiken, d.h. dem üblichen Maßstab, richten.

In diesem Zusammenhang soll auf Warenannahme und Prüfung aufmerksam gemacht werden.

Im Lebensmittelrecht **gab** es bisher keine ausdrücklich dargelegte Verpflichtung, Kontroll- oder Untersuchungsverfahren bei Warenannahme durchzuführen. Vielmehr ergab sich die *„Pflicht"* zur stichprobenweisen Untersuchung aus der sogenannten Sorgfaltspflicht eines Unternehmens resp. einer Betriebsstätte, wobei laut höchstrichterlicher Rechtsprechung an diese Sorgfaltspflicht höchste Anforderungen zu stellen sind. Dazu gehört selbstverständlich auch das Überprüfen der einzusetzenden Rohstoffe und Primärpackmittel.

Mit dem Inkrafttreten der Lebensmittelhygiene-Verordnung ist die Sorgfaltspflicht bzgl. Warenannahme und Überprüfung im Kapitel 5 Abs. 1 der Anlage zu § 3 der LMHV präzisiert worden:

Kapitel 5
Anforderung beim Umgang mit Lebensmitteln und an das Personal
1. Warenannahme und Überprüfung

Lebensmittel dürfen von einer Betriebsstätte nicht angenommen werden, wenn sie erwiesenermaßen oder aller Voraussicht nach mit tierischen Schädlingen, pathogenen Mikroorganismen oder gesundheitlich bedenklichen, verdorbenen oder fremden Stoffen derart verunreinigt sind, daß sie auch nach normaler Aussortierung oder nach einer in der Betriebsstätte hygienisch durchge-

führten Vorbehandlung oder Verarbeitung nicht für den Verzehr geeignet sind.

Daraus folgt zwangsläufig eine – jetzt auch nachlesbare – **Prüfungspflicht,** um sich durch regelmäßige und eingehende Untersuchungen Kenntnis von der Verkehrsfähigkeit der angenommenen Lebensmittel zu verschaffen; sie dient somit dazu, einem Schuldvorwurf wegen eines Verstoßes gegen Verkehrsverbote im Strafrecht oder im Recht der Ordnungswidrigkeiten zu entgehen. Die Verkehrsverbote dienen dem Schutz vor Gesundheitsschädigungen (§ 8 LMBG) und dem Schutz vor Täuschung (§ 17 LMBG).

Das Maß bzgl. Umfang, Genauigkeit und Kriterien einer Annahme/Ablehnung richtet sich in erster Linie nach – sofern vorhanden – gesetzlichen Vorgaben, Empfehlungen anerkannter Organisationen oder aber auch Publikationen aus dem anerkannten wissenschaftlichen Schrifttum.

Derartige Angaben sollten unter allen Umständen Bestandteil von Spezifikationen sein, die zweiseitig, also sowohl vom Auftraggeber als auch vom Auftragnehmer, anerkannt sind und Produktmerkmale charakterisieren. Aus diesem Grunde ist es **dringend empfohlen,** Qualitätskriterien und Qualitätsprüfungen – das sollte u.U. Prüfmethoden sowie evtl. Verteilung der Prüfpflicht mit einbeziehen – vertraglich festzuhalten.

Die Praxis der Wareneingangsprüfungen an der Schnittstelle Zulieferer/Hersteller stellt sich nach empirischen Ergebnissen von 32 Unternehmen aus 40 Geschäftsbereichen in der Bundesrepublik Deutschland wie folgt dar:[49]

- keine Eingangsprüfung   →   0 %
- 100 %ige Eingangsprüfung   →   17,9 %
- Eingangsprüfung in Abhängigkeit von Produkt und Lieferant   →   60,7 %

Die Befunde lassen u.a. darauf schließen, daß die

---

[49] WILDEMANN H (1992) Qualitätsentwicklung in F&E, Produktion und Logistik. Zeitschrift für Betriebswirtschaft 1:12-41

• Verlust von Gewähr-
leistungsansprüchen

Bedeutung von Wareneingangsprüfungen jedem belieferten Unternehmen bekannt ist.

Potentiell laufen – mit Ausnahme der 17,9 % der Unternehmen, die eine vollständige Wareneingangsprüfung durchführen – dennoch immerhin 82,1 % der Unternehmen Gefahr, mangels entsprechend umfangreicher Durchführungen dieser Kontrollen Gewährleistungsansprüche gegenüber ihren Zulieferern zu verlieren. 60,7 % der Unternehmen versuchen offensichtlich, die legislative Unterstellung einer Wareneingangsprüfung in einen wirtschaftlichen Konsens mit ihren produktionsspezifischen Ansprüchen zu führen.[50]

• Aufbrechen strenger
rechtlicher Anforde-
rungen

Vorsicht! Es gibt eine Vielzahl von Möglichkeiten – die in der Praxis auch versucht angewandt zu werden –, die strengen Anforderungen an die Untersuchungs- und Rügeobliegenheiten aufzubrechen und individuelle Regelungen vertraglich festzulegen.

Aber auch hier gilt, daß ein generelles Aufheben der Untersuchungs- und Rügeobliegenheiten in sogenannten Formularverträgen, wie es die „Allgemeinen Geschäftsbedingungen" darstellen, nicht zulässig ist.

2.3.3.4
Allgemeine Geschäftsbedingungen

Das Gesetz zur Regelung des Rechts der Allgemeinen Geschäftsbedingungen (AGB-Gesetz) umfaßt den Bereich von **Verträgen**, die durch allgemeine Geschäftsbedingungen – quasi formularmäßig – geregelt werden sollen. Das Gesetz schränkt für solche Verträge die Vertragsfreiheit ein und bestimmt die anwendbaren Mindestbedingungen.

---

[50] MALORNY C, KASSEBOHM K (1994) Brennpunkt TQM: rechtliche Anforderungen, Führung und Organisation, Auditierung und Zertifizierung nach DIN ISO 9000ff. Schäfer-Pöschel, Stuttgart

■ Gewährleistungen nach dem AGB-Gesetz:

Nach § 11 Ziffer 10 des AGB-Gesetzes sind in „Allgemeinen Geschäftsbedingungen", soweit es sich nicht um Geschäfte unter Kaufleuten (s. § 24 Ziffer 1 und 2 AGB-Gesetz) handelt, Bedingungen betreffend

a) *Ausschluß und Verweisung auf Dritte,*
b) *Beschränkung auf Nachbesserung,*
c) *Aufwendung bei Nachbesserung,*
d) *Vorenthalten der Mängelbeseitigung,*
e) *Ausschlußfrist für Mängelanzeigen,*
f) *Verkürzung von Gewährleistungsfristen,*

unwirksam.

- § 11 Ziffer 10 AGB-Gesetz
- § 11 Ziffer 11 AGB-Gesetz

■ Haftung für zugesicherte Eigenschaften nach dem AGB-Gesetz:

Nach § 11 Ziffer 11 des AGB-Gesetzes sind in „Allgemeinen Geschäftsbedingungen", soweit es sich nicht um Geschäfte unter Kaufleuten (s. § 24 Ziffer 1 und 2 AGB-Gesetz) handelt, auch

Bestimmungen, durch die bei einem Kauf-, Werk-, oder Werkliefervertrag Schadensersatzansprüche gegen den Verwender nach §§ 463, 480 Abs. 2, § 635 des Bürgerlichen Gesetzbuches wegen Fehlens zugesicherter Eigenschaften ausgeschlossen oder eingeschränkt werden,

unwirksam.

- § 463 BGB Schadensersatz wegen Nichterfüllung (Mängel der Sache)
- § 480 Abs. 2 BGB Gattungskauf
- § 635 BGB Schadensersatz wegen Nichterfüllung (Werkvertrag)

Die nachstehende Tabelle 2.1[51] gibt einen allgemeinen Überblick über die hilfeleistenden Wirkungen gesetzlicher Bestimmungen in schuldrechtlichen Verträgen unter Berücksichtigung der AGB.

Nach § 24 AGB-Gesetz finden u.a. Vorschriften des § 11 keine Anwendung auf die Allgemeinen Geschäftsbedingungen, die gegenüber einem Kaufmann verwendet werden, wenn der Vertrag zum Bereich eines Handelsgewerbes gehört. Die Rechtsprechung hat die Behandlung vorgenannter Bedingungen aber auch gegenüber Kaufleuten in weiten Bereichen – für zuge-

---

[51] DGQ - DEUTSCHE GESELLSCHAFT FÜR QUALITÄT, HRG. (1988) Qualität und Recht. DGQ-Schrift 19–30, S. 123. Beuth Verlag, Berlin

sicherte Eigenschaften, soweit die §§ 463, 480 Abs. 2, § 635 des Bürgerlichen Gesetzbuches Anspruchsgrundlagen sind – für anwendbar erklärt.[51]

Wenn im schuldrechtlichen Vertrag zwischen Vertragsparteien (Auftraggeber/Auftragnehmer) zu den fallbezogenen regelungsbedürftigen Sachverhalten folgende Festlegungen bestehen	... dann gelten für den Vertrag	
	bei Kaufleuten	bei Nicht-Kaufleuten
	die Bestimmungen des/der	
keine...	BGB + HGB	BGB
Allgemeine Geschäftsbedingungen (AGB)...	AGB, soweit nicht nach AGB-Gesetz unzulässig, BGB + HGB	BGB für Sachverhalte, die nicht oder durch unzulässige AGB-Regelungen geregelt sind
ein Individualvertrag...	Individualvertrags (außer sittenwidrige und gegen gesetzliche Verbote verstoßende Festlegungen) BGB + HGB	BGB bezüglich nicht geregelter Sachverhalte

Tab. 2.1. Schematische Darstellung des Verhältnisses von vertraglichen Vereinbarungen und unterstützenden Wirkungen gesetzlicher Bestimmungen

3
Gefahrabwendungspflichten

Wie in Abschnitt 2.3.1 ausgeführt, ist die deliktische Produzentenhaftung nach § 823 Abs. 1 BGB eine Ausprägung der Verkehrssicherungspflicht. Das bedeutet, daß ein Lebensmittelunternehmen resp. ein Lebensmittelbetrieb des Handwerks, der Gastronomie oder ein jeder Händler sich mit Risiko und Sicherheit seiner Lebensmittel zu befassen hat – die Intensität bzw. Tiefe einer solchen Risikobetrachtung ist dabei abhängig vom Gefährdungspotential der Produkte sowie von der Zielgruppe (s.a. Abb. 3.12), für welche die Produkt vorgesehen ist. Das Gefährdungspotential wiederum stützt sich auf die eingesetzten Rohstoffe, Be- und Verarbeitungsschritte, Lager/Versand bis hin zum Verzehr.

3.1
Sicherheits- und Risikomanagement

Es ist heute anerkannt, daß der obersten Geschäftsführung Organisations-, Aufsichts- und Kontrollpflichten für ihr Unternehmen obliegen, die nicht unbegrenzt auf untere Hierarchieebenen delegiert werden können.

„Die Geschäftsleitung tritt durch die Eintragung im Handelsregister nach außen als „Verantwortliche" in Er-

scheinung. Sie muß damit rechnen, bei Gesetzesverstößen als erste zur Rechenschaft gezogen zu werden."[52]

Unternehmerisches Sicherheits- und Risikomanagement (Abb. 3.1) beinhaltet eine Organisation im Unternehmen, die sämtlichen Funktionsträgern, ausgehend von *dem* **Leiter** der Unternehmung über die **Zwischenebenen** (Innovationsmarketing, Entwicklung, Einkauf/Beschaffung, Produktion, Vertriebsmarketing, Lager- und Transportwesen, Qualität) bis zu den ausführenden **Mitarbeiterinnen und Mitarbeiter** „vor Ort" – also an Fabrikationslinien und Distributionsstellen – ganz konkret die Wahrnehmung vor allem der sicherheitsrelevanten Aufgaben zuweist (Abb. 3.2).

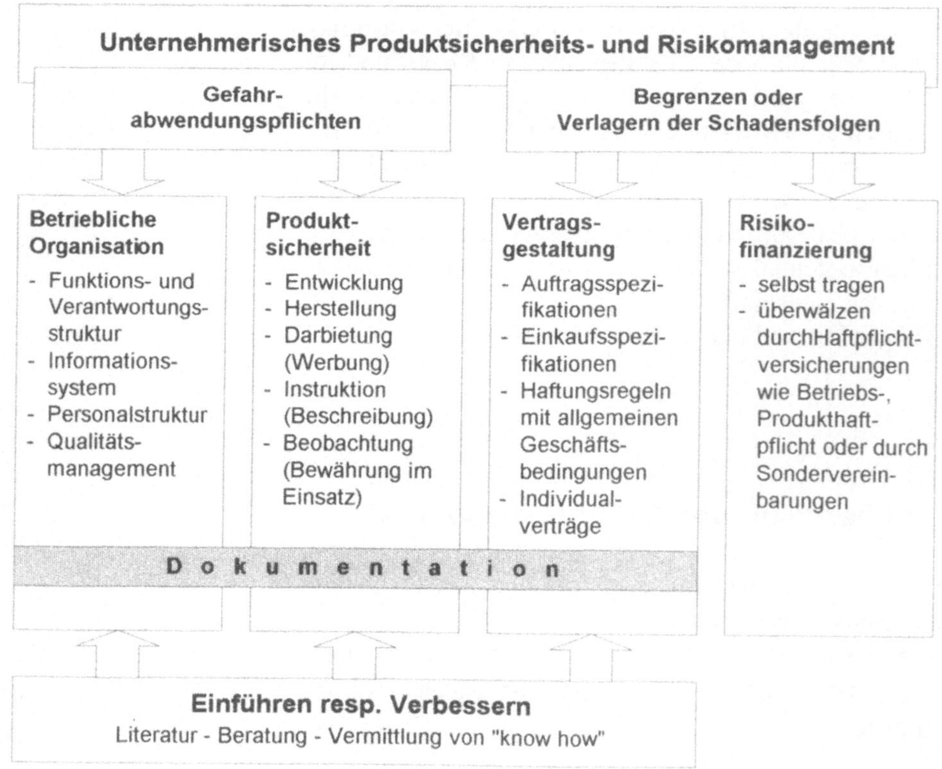

Abb. 3.1. Wege zur Minderung des Produktrisikos

---

[52] Bundesgerichtshof, 6.7.1990 (Zeitschrift für das gesamte Lebensmittelrecht - ZLR 1991, 34)

Denn das Prinzip der Allzuständigkeit „jeder macht alles" oder der Hoffnung „einer fängt schon den Ball" führt zur Haftung aus Organisationsverschulden.

- Abschieben von Entscheidungen auf die untere und mittlere Hierarchieebene

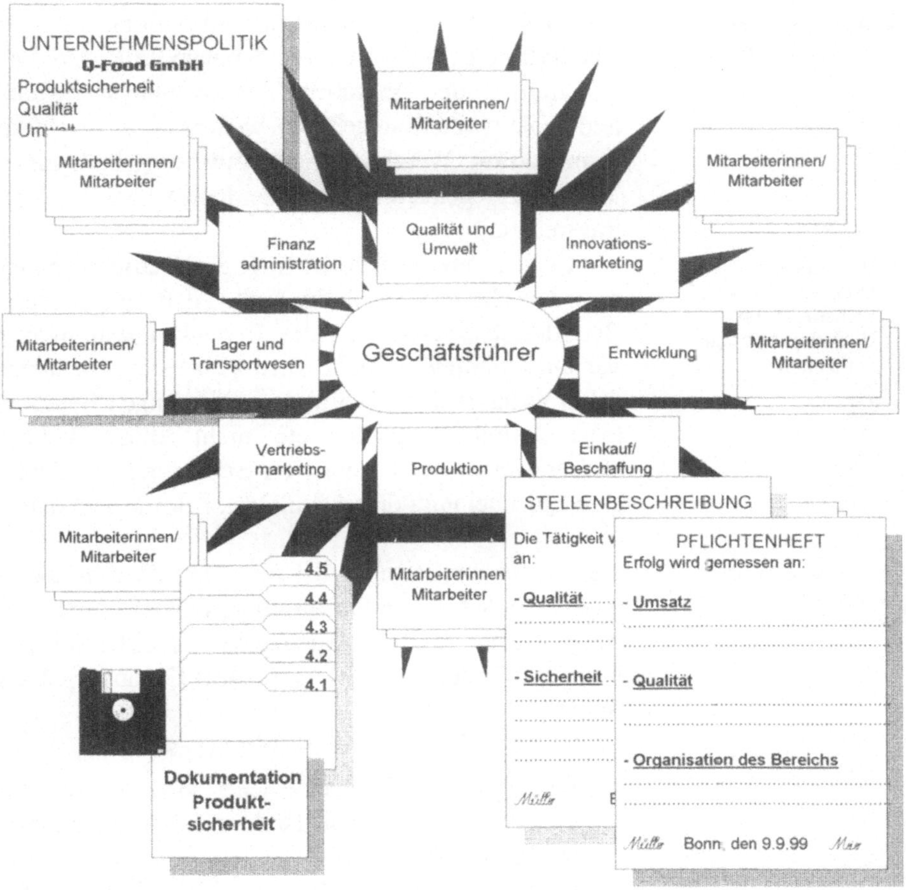

Abb. 3.2. Organisationsstruktur klar definieren und befolgen

Eine Berufung auf ein implementiertes und zertifiziertes Qualitätsmanagementsystem nach der Normenreihe DIN EN ISO 9000ff als Entlastungskriterium für Produzenten- oder Produkthaftungsfälle reicht mit Sicherheit dann nicht aus, wenn es nicht die Merkmale eines feinmaschigen Netzes hinsichtlich Kriterien für einen möglichen Haftungsausschluß nach dem

Produkthaftungsgesetz[53] aufweist. Das bedeutet, daß explizite Kriterien zur Sorgfalt enthalten sein müssen um damit einen möglichen Vorwurf bzgl. Vorsatz und Fahrlässigkeit nach § 823 BGB zu entkräften.

- Aufbauorganisation eines Unternehmens

Neben der in der vorstehenden Abbildung 3.2 beispielhaft dargestellten Unternehmenspolitik, dem Organigramm, der Aufgaben-/Verantwortungsverteilung und Dokumentation gehören weiterhin zur **Aufbauorganisation** Weisungs- und Anweisungsbefugnisse, Vertretungsregelungen, Entscheidungs- sowie Vortragsrechte.

Mit dem **Vortragsrecht** trägt der Betriebsinhaber resp. Geschäftsführer dafür Sorge, daß der berufene Beauftragte Vorschläge oder Bedenken *unmittelbar der entscheidenden Stelle* vortragen kann, vor allem dann, wenn er sich z.B. mit dem zuständigen Betriebsleiter, Entwicklungsleiter etc. nicht einigen konnte und er wegen der besonderen Bedeutung der Sache eine Entscheidung dieser Stelle für erforderlich hält.

- Vortragsrecht für Qualitäts-, Hygiene-, Sicherheits- und Umweltbeauftragte einräumen

- Ablauforganisation eines Unternehmens

Der Aufbauorganisation ist die **Ablauforganisation** nachgeschaltet. Diese Organisationsstruktur regelt Prozesse, die aus einzelnen Tätigkeiten – gleichgültig administrativ oder operativ – zu *einem* Gesamtergebnis führen.

Die Ablauforganisation regelt insbesondere:

- Planung und Entwicklung neuer sowie sicherheits- und/oder sonstige qualitätsrelevante Modifikationen bestehender Produkte
- sämtliche Produktionsabläufe, inklusive Abläufe der Beschaffung von Ausgangsmaterialien sowie der Distribution
- Vorgehensweisen bei Abweichungen von intern gültigen Qualitätsgrenzen sowie Abweichungen mit potentiellen Risikofaktoren bzgl. Produkthaftung

---

[53] insbesondere § 1 Abs. 1 Nr. 2 *(der Fehler erst nach Inverkehrbringen des Produktes entstanden ist)* und Nr. 5 *(der Fehler nach dem Stand von Wissenschaft und Technik nicht erkannt werden konnte)*

- produktbezogene Prüfungen in der Planungs- und Entwicklungsphase, während der Herstellung und der Lagerung, Produktbeobachtung
- periodische Prüfung der Aufbau- und Ablauforganisation inkl. der Organisationsvorschriften bzgl. ihrer Beachtung durch alle Unternehmenshierarchien, ihrer Wirksamkeit und Schlüssigkeit

Beim Feststellen von Abweichungen oder bisher unberücksichtigt gebliebener Bereiche, Funktionen etc. innerhalb definierten Organisationsstrukturen, d.h. innerhalb der Aufbau- oder Ablauforganisation, sind sofortige Korrekturmaßnahmen vorzusehen.

Eine Haftung gemäß der deliktischen Haftung nach § 823 BGB kann also aus drei unterschiedlichen Betrachtungsweisen erfolgen:

- Beweislast

1. *Die Aufbau- und/oder Ablauforganisation ist nicht geeignet, die Einhaltung der Sicherheitsforderungen an ein Lebensmittelprodukt inkl. dessen Packmittel sicherzustellen.*
2. *Der Beweispflichtige ist nicht in der Lage den Nachweis darüber zu führen, daß die organisatorischen Regelungen, die zum Zwecke der Lebensmittelsicherheit eingeführt wurden, auch tatsächlich befolgt wurden.*

3. *Die eingeführten organisatorischen Regeln verstoßen gegen anerkannte Grundsätze, so daß Fehler, welche die Sicherheit und Qualität während der Entwicklungs- Herstellungs- oder Vertriebsprozesse oder am Produkt direkt – bspw. durch ein fehlerhaftes Packmittel – betreffen, nicht rechtzeitig erkannt werden.*

3.1.1
Risikoanalyse –
Erkennen von Sicherheitsdefiziten

Ein erster Schritt zur Risikoanalyse bedeutet die Abschätzung der rechtlichen Voraussetzungen und Re-

• Risiken
 – erkennen
 – vermeiden
 – vermindern

• Definitionen

gelungen. Inwieweit lassen Gesetze und Gerichtspraxis die Haftbarmachung des Herstellers, Inverkehrbringers, Verkäufers zu? Welches sind die Voraussetzungen dafür. Mit diesen Fragen haben wir uns mit den vorgehenden Kapiteln auseinandergesetzt.

Nunmehr wollen wir uns der *Eintrittswahrscheinlichkeit,* also dem Risiko, zuwenden, um mit Risikoanalysen die Wahrscheinlichkeit eines Schadens und dessen Ausmaß einschätzen zu könne. Im Zusammenhang von Risikoanalysen sollten nachstehende Begriffe geläufig sein:

■ **Risiko**
Wahrscheinlichkeit des Auftretens einer → Gefährdung, die einen Schaden bei einem Konsumenten hervorrufen kann; das schließt den Grad der Schwere des möglichen → Schadens mit ein

■ **Analyse**
Systematisches Sammeln, Aus- und Bewerten von Informationen über Gefahren und Schadensquellen (→ Gefährdung) mit anschließender Entscheidung, welche für den gesundheitlichen Verbraucherschutz relevant und somit zu berücksichtigen sind

■ **Gefahr**
Ereignis oder Umstand, welches(r) ein Produkt derart negativ beeinflußt, daß dadurch die Gesundheit des Verbrauchers gefährdet wird

■ **Gefährdung**
Mögliche Gefahr bzw. Schadensquelle (mikro-) biologischen, chemischen und/oder physikalischen Ursprungs

■ **Schaden**
Physische Verletzung und/oder Schädigung der Gesundheit (§ 8 Lebensmittel- und Bedarfsgegenständegesetz [LMBG])

■ **Sicherheit**
Fehlen von unvertretbaren Schadensrisiken; d.h. frei von Gefahren aller Art, die *über* einem stets unvermeidlichem Restrisiko liegen

■ **Grenzlage**
Kriterium, das die Klassen hoch, mittel, niedrig bis sehr niedrig trennt und letztendlich zwischen kalkulierbaren und nicht akzeptablen Risiken entscheiden hilft

Die *Eintrittswahrscheinlichkeit* eines *Schadensereignisses* wird in der Regel mit den Werten hoch, mittel oder niedrig bis sehr niedrig klassifiziert.

Auch die *Tragweite,* bzw. der *Schadensumfang* ist eine Sache der Schätzung und wird ebenfalls mit den Klassen hoch, mittel oder niedrig bis sehr niedrig beziffert. (s. 3.1.1.2).

· Risikoklassen

3.1.1.1
Vermeiden/Vermindern von Risiken

Nur eine systematische Vorgehensweise sowie hervorragende spezifische Fach- und Sachkenntnisse bzgl.

■ der Erzeugniskategorie, verbunden mit biologischen, chemischen und physikalischen Risiken,

■ des technischen Produktionsablaufs,

■ der Materialien, Maschinen, Funktionsweisen und

■ der Bakeriologie, Mikrobiologie/Hygiene und Technologie (stoffliche Umwandlung, Konservierung, Temperatur-/Zeitverläufe)

geben Gewähr für eine zuverlässige Einschätzung des Risikopotentials und die daraus abzuleitenden Maßnahmen zur Vermeidung/Verminderung von Haftungsrisiken.

Nachfolgend sind die wesentlichsten Gesichtspunkte für eine Risikoanalyse stichwortartig aufgelistet; sie beziehen sich im wesentlichen auf die Pflichtenkreise des Lebensmittelherstellers (s. 2.3.1.3).

Entwicklungsrisiko
– Stand von Wissenschaft und Technik berücksichtigt?

· 1. Pflichtenkreis

– Sind gesetzliche Vorgaben berücksichtigt?
– Sicherheitserwartungen des Verbrauchers berücksichtigt? (s. Abb. 2.8. und 2.9)
– Entwicklung vor dem Inverkehrbringen abgeschlossen?
– Sind Test- und Versuchsergebnisse in einer Produktdokumentation integriert und deren Aufbewahrungszeit festgelegt?

• Pflichtenkreise
  – Planung und Entwicklung
  – Herstellung
  – Zulieferer
  – Instruktion
  – Produktbeobachtung
  – Betriebsorganisation
  – Personal

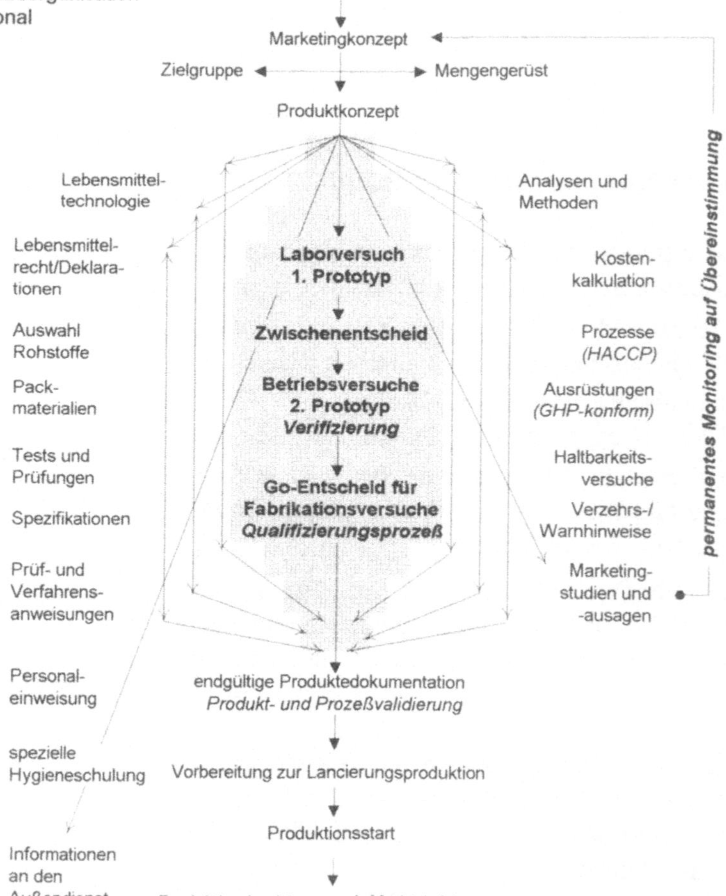

Abb. 3.3. Schematische Darstellung einer Produkt- und Prozeßentwicklung mit den Elementen, welche die Qualität und Sicherheit beeinflussen

Bei neuen Produkten, aber auch bei deutlichen Modifikationen bestehender Produkte sollte der Entwicklung die zentrale Aufgabe zu Teil werden, die Produktsicherheit koordinierend und federführend zu bearbeiten (Abb. 3.3).[54]

Herstellungsrisiko

- Systematische Überprüfung der Rohstoff- und Packmitteleingänge gewährleistet?
- Sichergestellt, daß Produkte eine Endkontrolle erfahren haben, bevor sie den Betrieb verlassen?
- Archivierung von Prüfprotokollen und die Aufbewahrung von Rückstellmustern gewährleistet ?

Beteiligten- und Zuliefererrisiko

- Erfolgte die sorgfältige Auswahl, Überwachung und Instruktion der Zulieferer/Lohnfabrikanten?
- Beschaffungsanforderungen in beidseitigem Benehmen anerkannt und bestätigt (Abb. 3.4)?
- Berücksichtigen Werkverträge mit Lohnfabrikanten gerichtsfeste Übereinkommen bzgl. Haftung?

Verbraucherrisiko (Instruktionsrisiko)

- Verzehrs-, Zubereitungs-, evtl. Warnhinweise auf der Packung angegeben?
- Sind die Instruktionen so abgefaßt, daß auch nichtfachkundige Konsumenten das Produkt ohne Gefährdung sicher verwenden können?
- Wird vor Gefahren gewarnt, die bei bestimmungsgemäßer Verwendung eintreten können?
- Wird vor Gefahren gewarnt, die bei bestimmungswidriger Verwendung eintreten können (Abb. 2.9)?

Produktbeobachtungsrisiko

- Werden Besuchsberichte des Außendienstes ausgewertet?
- Sind die Anforderungen des Produktes an die Verwender zu hoch?

---

[54] PICHHARDT K (1997) Qualitätsmanagement Lebensmittel. Vom Rohstoff bis zum Fertigprodukt. 2. Aufl. Springer, Berlin Heidelberg New York

(Marginalien rechts:)

- 2. Pflichtenkreis
- werden Vorabfreigaben zur Regel, können diese Vorboten einer Krise sein!
- 3. Pflichtenkreis
- 4. Pflichtenkreis
- 5. Pflichtenkreis

• 6. Pflichtenkreis

Organisationsrisiko
– siehe einleitend unter 3.1

• 7. Pflichtenkreis

Personalrisiko
– Sind *alle* Mitarbeiterinnen und Mitarbeiter für die an sie gestellten Aufgaben hinreichend qualifiziert?
– Sind die verpflichtenden Hygieneschulungen durchgeführt bzw. auch in entsprechenden zeitlichen Abständen wiederholt worden?

Beschaffungsspezifikation

Rohstoff-Bezeichnung:

Artikel-Nr.:   **Version:**

ALLGEMEINE ANFORDERUNGEN

Die Ware darf gesundheitsschädigende Stoffe und Organismen, sowie Organismen, die ein Verderben des Rohstoffes verursachen, nicht enthalten. Sie muß den Anforderungen des Deutschen Lebensmittelrechts entsprechen

SPEZIELLE ANFORDERUNGEN

	Dimension	Zielwert	Minimum	Maximum	Analysenmethode
Wasser	g / 100 g				
Protein	g / 100 g				
Protein-Faktor	*6,38*				
Fett	g / 100 g				
Asche	g / 100 g				
Kohlenhydrate als Differenz	g / 100 g				
Toxische Metalle					
• Blei	mg / kg				
• Cadmium	mg / kg				
Schüttvolumen					
• locker	ml / 100 g				
• sedimentiert	ml / 100 g				

(bei Mikrobiologie ausschließlich Grenzwert)

Gesamtkoloniezahl	per g
Schimmelpilze	per g
Hefen	per g
Enterobakterien, total	per g
E. coli	per g
Salmonellen	per 50 g*
S. aureus	per g
Enterokokken	per g

** Bemusterung gemäß FDA Kategorie I bis III*

Haltbar nach Eingang   mind. ...... Monate in geschlossenen Originalgebinden bei max. ......°C und 75 % rel. Feuchte

In der Fassung vom   Visum QS-Auftragnehmer   Visum QM-Auftraggeber

---

Abb. 3.4. Beispiel einer beidseitig anerkannten Beschaffungsspezifikation

3.1.1.2
Ermittlung von Risiken –
Risikoprofile von Produkten

Ungeachtet der Einführung eines branchen-, produktreps. herstellungsspezifischen Konzeptes gemäß § 4 Absatz 1 „Betriebseigene Maßnahmen und Kontrollen" der LMHV (HACCP-Konzept) ist es empfohlen, Risikoprofile bzgl. Produkthaftung zu erstellen, um sich von eventuellen Krisensituationen unabhängig zu machen. Oftmals bleiben Risiken unerkannt, oder aber auch erkannte Risiken werden über- oder unterbewertet und somit nicht ausreichend klassifiziert.

Durch eine systematische Vorgehensweise kann hier Abhilfe geschaffen werden, wobei zunächst die Fragen der **Wahrscheinlichkeit für das Auftreten von Schadensereignissen** sowie **die Tragweite eines Schadens** im Vordergrund stehen.

- **Wahrscheinlichkeit für das Auftreten von Schadensereignissen**

↑	[W5] hoch	-	Erfahrungen mit dem Risiko wurden gesammelt bzw. Risiko ist bekannt (z.B. aus der Literatur)
↗	[W4] mittel	-	Risiko ist denkbar und könnte eintreten
→	[W3] niedrig	-	Risiko ist denkbar, wird aber kaum eintreten
↙	[W2] sehr niedrig	-	Risiko ist denkbar, wird aber nicht eintreten
↓	[W1] praktisch Null	-	Risiko scheint unmöglich einzutreten

- **Tragweite und Schadensumfang**

↑	[S5] hoch	-	katastrophale bis stärkste Beeinträchtigung (unakzeptabel)
↗	[S4] mittel	-	geringe bis starke Beeinträchtigung (unakzeptabel)
→	[S3] niedrig	-	geringe Beeinträchtigung (gerade noch akzeptabel)
↙	[S2] sehr niedrig	-	sehr geringe Beeinträchtigung (akzeptabel)
↓	[S1] praktisch Null	-	Beeinträchtigung kann vernachlässigt werden

Aus den Betrachtungen der möglichen Schadensereignisse und des möglichen Schadensumfanges kann nun eine Matrix (Abb. 3.5 und 3.6) erstellt werden, die es erlaubt, Risiken zu klassifizieren, um dann Maßnahmen festzulegen, die die Wahrscheinlichkeit eines Schadenseintritts oder zumindest den möglichen Schadensumfang zu verringern helfen.[55]

Nur durch das rechtzeitige Erkennen von Risiken auf allen Stufen des Lebenszyklus eines Lebensmittels – von der Produktidee über Entwicklung, Produkttechnologie, Herstellung, Lagerung bis zum Vertrieb, zur Zubereitung und zum Verzehr durch den Konsumenten – wird eine umfassende Sicherheit geboten. Die **Garantie einer absoluten Sicherheit** hingegen **kann durch keinerlei vorbeugende Maßnahmen gegeben werden**.

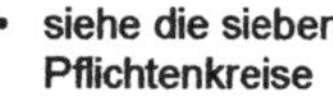

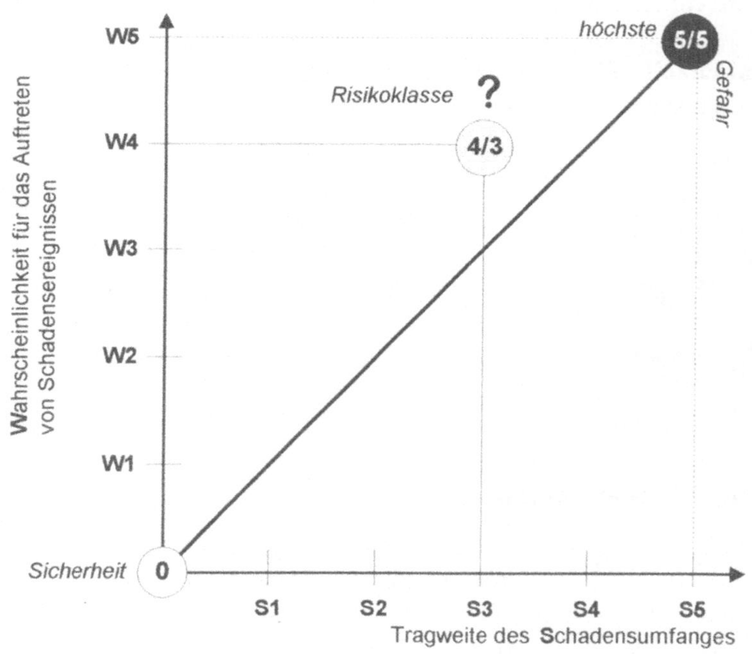

Abb. 3.5. Darstellung eines Risikoprofils als Matrix

---

[55] Gefährdungsmatrix in Anlehnung an FRITSCH S u. NISCHWITZ P (1995) TÜ Hessen Darmstadt

Auf der Basis der Risikomatrix in Abbildung 3.5 können nun Strategien zur Bewältigung von Risiken erarbeitet werden. In der Abbildung 3.6 sind die nachstehenden vier Risikokategorien beispielhaft integriert.

- **Risikokategorien**

 kein Risiko, das Produkt ist sicher

 Annehmbares Risiko

 vertretbares Risiko, weitere Maßnahmen sind angebracht und zweckmäßig

 nicht annehmbares Risiko, weitere Maßnahmen und Vorkehrungen sind zu treffen

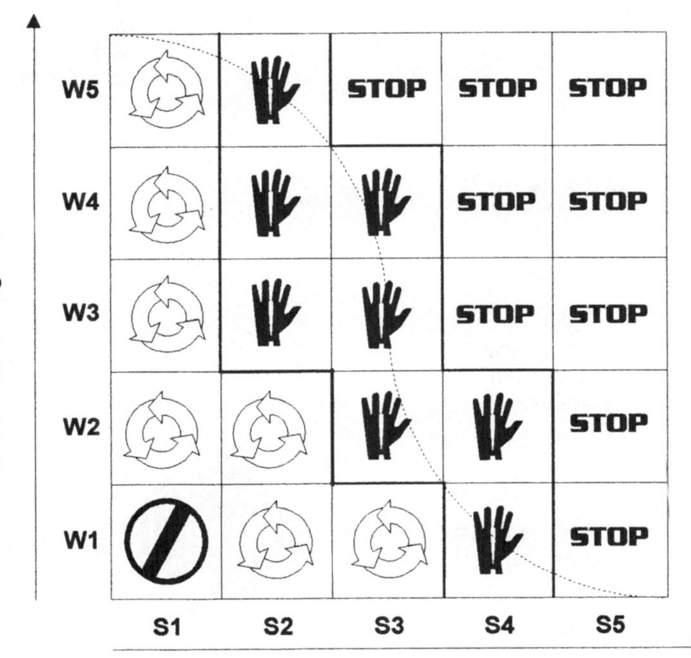

Abb. 3.6. Klassifizierung von Risiken

Zur Entlastung bei Produzentenhaftungsfällen ist es unerläßlich, Risikoanalysen detailliert zu dokumentieren und zu archivieren. So können im Haftungsfall die Sicherheitsbelange des Produktes, aber auch dessen Packmittel, belegt werden. Mit den Abbildungen 3.7 bis 3.10 werden Dokumentationsbeispiele dargestellt.

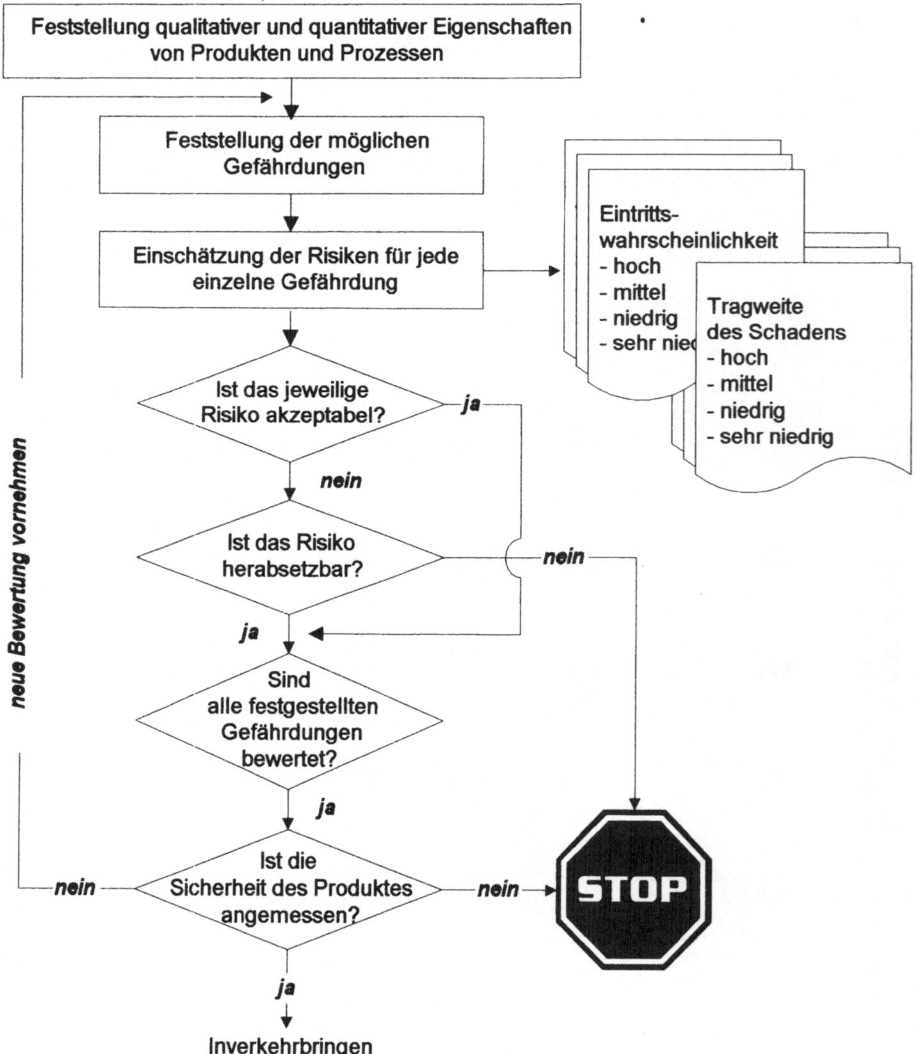

Abb. 3.7. Ablauf einer Risikoanalyse

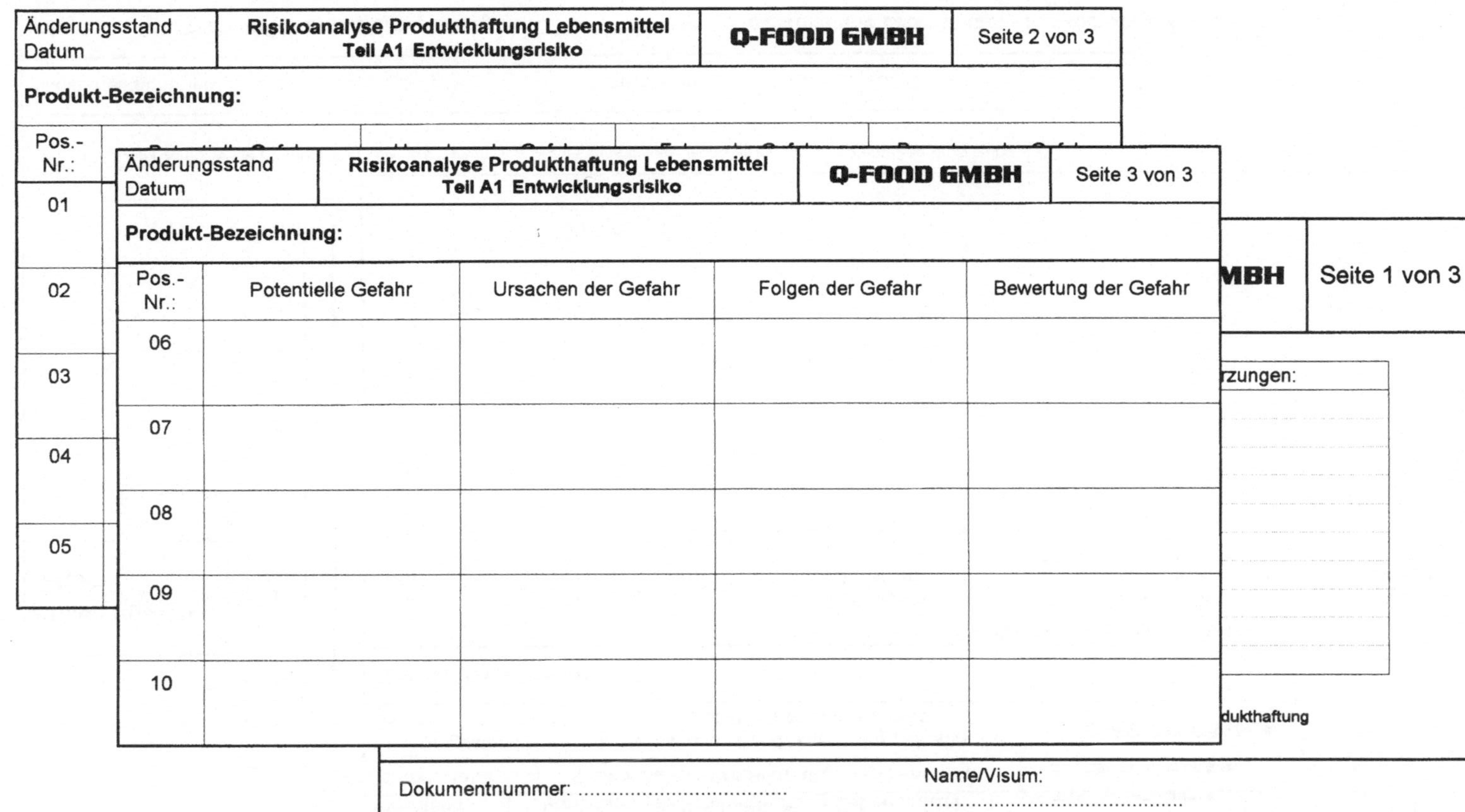

Abb. 3.8. Identifizierung von Gefahren - Produkthaftung Lebensmittel - Risikoanalyse Teil A1

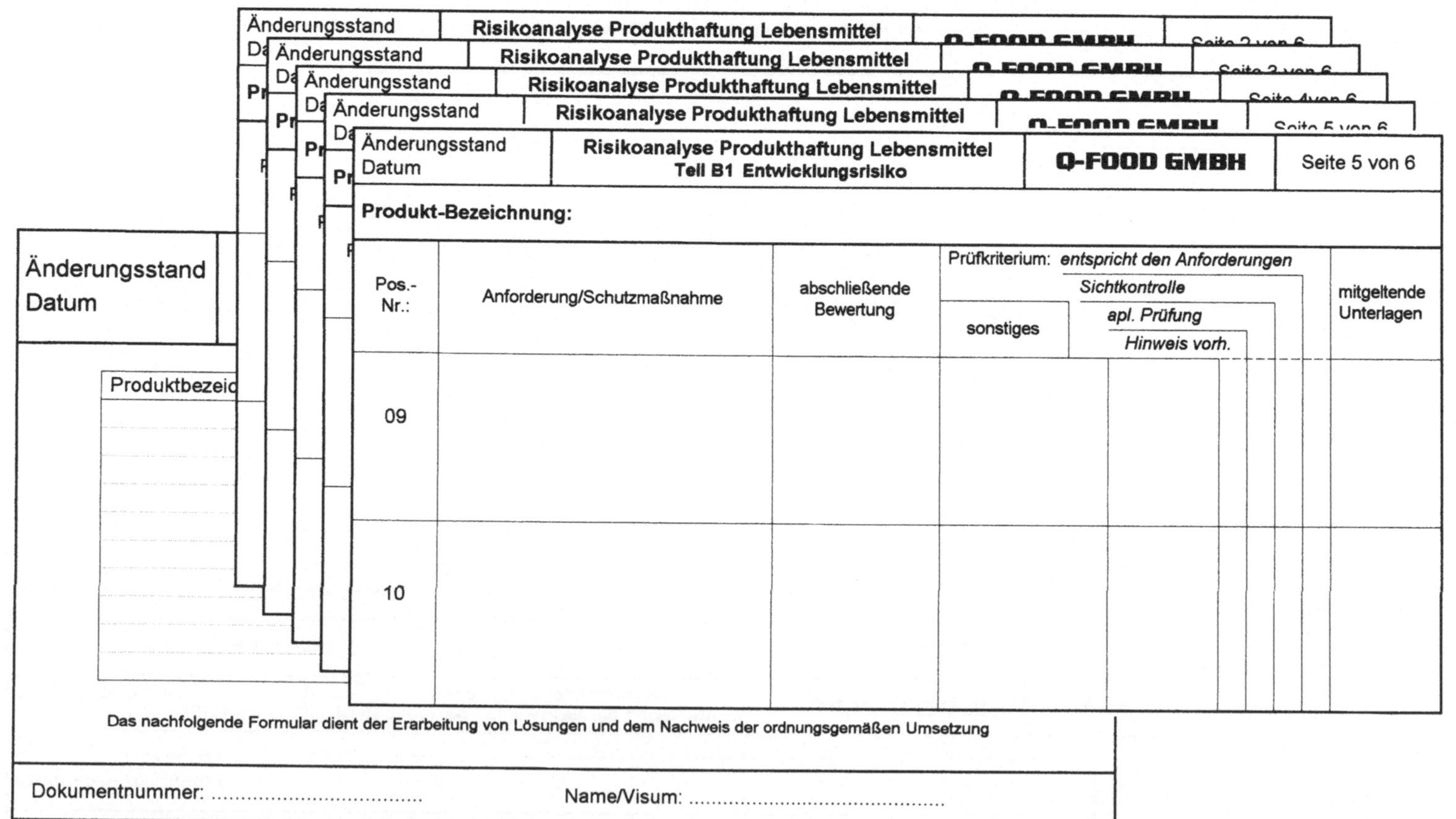

Abb. 3.9. Lösungen und Nachweis der ordnungsgemäßen Umsetzung - Produkthaftung Lebensmittel - Risikoanalyse Teil B1

Arbeitsliste Blatt......................	Risikomanagement Produkthaftpflicht		Q-FOOD GMBH	Datum/Visum ..../.................	
mögliche Schäden➡ Risiko ↓	Eintritt wahrscheinlichkeit	möglicher Höchstschaden	Vermeiden/Vermindern	Geschätzte Kosten für....	Priorität
	hoch | mittel | niedrig	hoch | mittel | niedrig	Art der Maßnahmen	Maßnahmen | Versichern	
Produkthaftpflicht aus Produktlinie 1					
2					
3					
4					
Abgabe von Formeln/Rezepturen					
Abgabe von Linienbauplänen					

Abb. 3.10. Arbeitsliste Risikokosten

3.2
Warnung und Produktrückzug

Trotz aller vertrauenswürdiger Sicherheitskonzepte läßt sich niemals eine absolute Fehlerfreiheit garantieren.

alle zumutbaren organisatorischen Maßnahmen müssen getroffen werden

Kein wirtschaftlich vertretbares Sicherheitskonzept kann die Forderung nach einem gewissenhaften Arbeiten auf allen Stufen der Herstellung eines Produktes ersetzen. Auch die alleinige Anwendung von Stichprobenplänen – und seien sie noch so rigoros in puncto Rasterdichte – kann den Produzenten zu falschen Rückschlüssen auf die tatsächliche Effizienz seiner Sicherheitsbemühungen verleiten.[56,57] Das bedeutet auch, daß kein Sicherheitskonzept die fälschliche Abgabe eines Produktloses ausschließen kann; es bleibt immer ein Restrisiko, und zwar das

- Konsumentenrisiko [*consumer risk*, ICMSF, 1986]

und das

- Produzentenrisiko [*producer risk*, ICMSF, 1986].[58]

Mit *Konsumentenrisiko* wird das Risiko bezeichnet, daß eine nicht einwandfreie Produktionseinheit durch den Hersteller für das Inverkehrbringen freigegeben wird.

Dem gegenüber steht das *Produzentenrisiko,* nämlich die zufallsbedingte unangebrachte Beanstandung einer tatsächlich akzeptablen Produktionseinheit.

---

[56] ILLI H - Schweizerisches Bundesamt für Gesundheitswesen (1984) ICMSF 2- und 3 Klassen Stichprobenpläne. Demonstrationstagung der Schweizerischen Gesellschaft für Lebensmittelhygiene-SGLH an der ETH Zürich

[57] PICHHARDT K (1998) Hygieneschulung Lebensmittel. Nach der neuen Lebensmittelhygiene-Verordnung (LMHV). Unter Berücksichtigung der Norm DIN 10514. Springer, Berlin Heidelberg New York

[58] ICMSF (International Commission on Microbiological Specifications for Foods, Ed.) (1986) Microorganisms in Foods 2, Sampling for microbiological analysis: Principles and specific applications. University of Toronto Press, Toronto Buffalo London

3.2.1
Rechtliche Aspekte zur Produktwarnung und zum Produktrückruf

Die Richtlinie 92/59/EWG des Rates vom 26.06.1992 über allgemeine Produktsicherheit (ABl. EG Nr. L 228/24) wurde mit dem **Produktsicherheitsgesetz –** ProdSG vom 22.04.1997 (BGBl. I, Nr. 27 S. 934) in nationales Recht umgesetzt.

Das Produktsicherheitsgesetz findet zwar keine Anwendung auf Produkte, die dem Lebensmittel- und Bedarfsgegenständegesetz unterliegen, jedoch mit Ausnahme der Bestimmungen über Warnungen und den Rückruf.

• Bedarfsgegenstände nur hinsichtlich ihrer stofflichen Beschaffenheit

Produktsicherheitsgesetz
Zweiter Abschnitt. Produktsicherheit (Auszug)
§ 2. Anwendungsbereich

(1) Die Vorschriften dieses Abschnittes finden Anwendung auf alle Produkte, die

1. zur privaten Nutzung durch den Verbraucher bestimmt sind oder die er nach allgemeiner Verkehrsanschauung dafür benutzt und

2. gewerbs- oder geschäftsmäßig in Verkehr gebracht werden.

(2) Die Bestimmungen dieses Abschnittes finden auch Anwendung, wenn gebrauchte Produkte in den Verkehr gebracht werden mit Ausnahme solcher, die

1. als Antiquität überlassen werden oder

2. vor ihrer Verwendung instandgesetzt oder wieder aufgearbeitet werden müssen, wenn der Überlassende dies gegenüber dem anderen erklärt.

(3) Dieser Abschnitt findet keine Anwendung auf Produkte, die den nachfolgenden Gesetzen und den auf Grund dieser erlassenen Rechtsverordnungen unterliegen:

1. a) Arzneimittelgesetz,
   b) Gentechnikgesetz,
   c) Bauproduktegesetz,
   d) Medizinproduktegesetz,
   e) Energiewirtschaftsgesetz,

2. mit Ausnahme der Bestimmung über Warnung und den Rückruf (§§ 8, 9, 10, 15 Abs. 2 Nr. 2 und Abs. 3) dieses Abschnittes

a) Lebensmittel- und Bedarfsgegenständegesetz – Bedarfsgegenstände nur hinsichtlich ihrer stofflichen Beschaffenheit –,
b) Weingesetz,
c) Fleischhygienegesetz,
d) Geflügelfleischhygienegesetz,
e) Chemikaliengesetz,
f) Pflanzenschutzgesetz,
g) Gerätesicherheitsgesetz,
h) Straßenverkehrsgesetz,
i) Waffengesetz,
j) Sprengstoffgesetz.

Die Behörden, die für den Vollzug der in Nummer 2 des Satzes 1 genannten Gesetzes zuständig sind, führen die Bestimmungen über Warnung und den Rückruf nach den §§ 8 und 9 dieses Abschnittes durch, im Falle des Satzes 1 Nr. 2 Buchstabe f ist die zuständige Behörde die Biologische Bundesanstalt für Land- und Forstwirtschaft, im Falle des Satzes 1 Nr. 2 Buchstabe h das Kraftfahrt-Bundesamt.

(4) Soweit für andere als von Absatz 3 erfaßte Produkte bestimmte Sicherheitsanforderungen gelten, gehen diese den Bestimmungen dieses Abschnittes vor. Den hierfür zuständigen Behörden obliegt es vorbehaltlich des Abschnittes 5, zur Durchführung dieses Abschnittes diese Produkte auf mögliche Gefahren für den Verbraucher hin zu überwachen, und soweit die bestimmten Anforderungen keine abschließende Sicherheitsprüfung ermöglichen. Soweit die Länder für die Durchführung zuständig sind, können sie abweichende Regelungen treffen.

(5) ....

• Warnung vor nicht sicheren Produkten

Aufgrund von § 8 des Produktsicherheitsgesetzes darf **nach Inverkehrbringen** die zuständige Behörde anordnen, daß alle Verbraucher, die einer von einem Produkt ausgehenden Gefahr ausgesetzt sein können, rechtzeitig in geeigneter Form, insbesondere durch den Hersteller, auf diese Gefahr hingewiesen werden.

Auch die Behörde selbst darf die Öffentlichkeit warnen, wenn Gefahr im Verzug ist und/oder andere ebenso wirksame Maßnahmen, insbesondere Warnungen durch den Hersteller, nicht getroffen wurden oder getroffen werden können.

Gemäß § 9 darf die zuständige Behörde selbst den Rückruf eines nicht sicheren Produktes anordnen, darf solche Produkte sicherstellen und soweit die Gefahr für den Verbraucher auf andere Weise nicht zu beseitigen ist, die Vernichtung veranlassen.

Sie sieht von dieser Maßnahme ab, wenn die Abwehr der von dem Produkt ausgehenden Gefahr durch **eigene Maßnahmen des Herstellers** sichergestellt wird.

In Bezug der Verhältnismäßigkeit einer Warnung sei auf weiterführende Literatur und Kommentare zum ProdSG verwiesen.[59]

- Rückruf nicht sicherer Produkte

- Hersteller gemäß § 4 ProdHaftG
  - tatsächlicher Hersteller
  - Quasihersteller
  - Importeur
  - jeder Händler

3.2.2
Produkte nach deren Auslieferung beobachten

Für die rechtlichen und tatsächlichen Aspekte der „Produktbeobachtungshaftung" und der daraus resultierenden Pflichten soll hier auf die beiden grundlegenden *Apfelschorf-Urteile* (Derosal und Benomyl) des Bundesgerichtshofs[60] hingewiesen werden.

Danach genügte es nach Ansicht des BGH nicht, wenn der Produzent seine Ware im Zeitpunkt des „Inverkehrbringens" nach allen sicherheitsrelevanten Gesichtspunkten untersucht hatte. Vielmehr müsse er das Produkt auch auf dessen Bewährung im **täglichen Gebrauch** hin beobachten. Stelle sich sodann eine bisher nicht bekannte Gefahrenquelle heraus, müßten entsprechende Warnungen gegeben werden.

Die Frage, ob und welche Gefahrabwendungspflichten im Rahmen der Produktbeobachtung stehen, ist

---

[59] STREINZ R, HAMMERL C (1997) Staatliche Warnung vor Lebensmitteln. In: Lebensmittelrechtshandbuch III. D, 263ff, C.H. Beck, München

[60] BGHZ 80, 1986, 189ff; 199, 203 (Analyse hierzu: SCHMIDT-SALZER J (1981) Rechtliche und tatsächliche Aspekte der Produktbeobachtungshaftung. Betriebs-Berater, S. 1041ff)

vom Grundsatz der Verhältnismäßigkeit abhängig. Inhalt und Umfang einer Warnung (Abb. 3.11, 3.12, 3.13, 3.14), aber auch ihr Zeitpunkt werden wesentlich bestimmt durch das jeweils gefährdete Rechtsgut und sind vor allem von der Schwere der Gefahr abhängig.

VORSORGLICHE RÜCKRUFAKTION

Wichtiger Verbraucherhinweis

Q-FOOD-HERING IN GELEE

Unsere Produktbeobachtung ist ein ständiges Qualitäts-Sicherungs-Programm. Durch diese vorbildliche Maßnahme haben wir einen Fehler bei dem oben genannten Produkt festgestellt.

Auf Grund einer Störung an der Verpackungslinie kann bei etwa 3 % der Packungen eine unvollständige Versiegelung nicht ausgeschlossen werden.

Die Folge ist ein sehr schneller Verderb des Produktes; d.h. ein Verderb wird mit Sicherheit vor dem angegebenen Verfalldatum eintreten.

Wir bitten daher alle Verbraucher, das obengenannte Produkt mit

➡ **Verfalldatum   05. Mai 1999**
➡ **Chargen-N.:   L 15:07 A**

nicht mehr zu verzehren und statt dessen dieses bei Ihrer Einkaufsstelle sachgerecht entsorgen zu lassen.

Für Fragen haben wir eine kostenlose **Telefon Hotline** eingerichtet:

☎ **Info-Tel.: 0800-000-000**

Selbstverständlich erhalten Sie den Kaufpreis rückerstattet.

Wir möchten uns für eventuelle Unannehmlichkeiten entschuldigen und Ihnen versichern, daß **Q-FOOD** Produkte auch weiterhin höchsten Qualitäts- und Sicherheitsanforderungen entsprechen.

Dieser Warnruf betrifft keine anderen Q-FOOD Produkte.

Q-FOOD GMBH, Am Großen Platz
12345 Großkleinstadt

Abb. 3.11. Beispiel eines Produktrückrufs

Nach dem BGH muß ein Hersteller bei möglichen Gesundheitsgefährdungen schon aufgrund eines ernstzunehmenden Verdachts eine Warnung aussprechen. Sind hingegen nur Sachschäden zu befürchten, die sich noch nicht konkretisiert haben, so kann sich der Hersteller u.U. vor Herausgabe einer Warnung auf weitere Untersuchungen und auf intensive Produktbeobachtung beschränken.

NACHRICHTEN

███ warnt vor Keksen

Pfaffenhofen - Nahrungsmittelhersteller ███ empfiehlt, Kleinkindern das Produkt „Babys Erster Keks" nur unter Aufsicht zu geben. Die Kinder können sich daran verschlucken.

Bild-Zeitung vom 2. Juli 1999 (Seite 1)

Abb. 3.12. Vorsorgliche öffentliche Warnung auf Grund der Produktbeobachtung

ANZEIGE

Rückruf
Wasser ███-Flaschen

Der Hersteller von Wasser ███-Geräten ruft von ihm gelieferte Plastik-Wasserflaschen zurück. In Ausnahmefällen können diese Flaschen beim Befüllen zerbersten und zu Verletzungen führen.

Betroffen sind ausschließlich Flaschen mit dem **transparenten Schriftzug** 'Wasser ███' und dem Verfallsdatum 12/99. Diese Flaschen dürfen nicht weiterbenutzt werden.

Nicht betroffen sind Flaschen mit einem anderen Verfallsdatum sowie Flaschen mit weißer oder blauer Aufschrift 'Wasser ███'.

Verbraucher von Wasserflaschen mit transparentem Schriftzug 'Wasser ███' setzen sich bitte umgehend wegen des Umtausches mit der Service-Hotline Tel. ███ in Verbindung

Bild-Zeitung vom 19. Juli 1999 (Seite 3)

Abb. 3.13. Bersten von Flaschen bei der Getränkeselbstherstellung

███ nimmt Trinkflasche "Sport Waterbottle" – Art. Nr: 563 998 – vom Markt

Sportartikelhersteller ███ nimm eine seiner Sport-Trinkflaschen vom Markt (Art.Nr. 563 996).

Die Flasche ist mit einem Ventil versehen, das sich beim Trinken lösen kann. Aus diesem Grund besteht potentiell Verschluckungs- und Erstickungsgefahr.

Konsumenten werden gebeten, diese Flaschen ab sofort nicht mehr zu verwenden. Der Artikel wird von den Händlern, bei denen er gekauft wurde, zurückgenommen.

Die ███ -„Sport Waterbottle" (Art.Nr. 563996) hat eine gerundete Form, faßt 624 ml Flüssigkeit und ist mit einem abschraubbaren schwarzen Deckel versehen.

Die Flasche ist in den Farben Grau, Gelb oder Blau erhältlich und ist auf den Seiten mit schwarzem, geripptem Gummi beschichtet. Der Flaschenboden ist mit dem Schriftzug „███ " versehen und das Herstellerlogo ist auf Deckel, Boden und Seiten abgebildet.

Für nähere Informationen kontaktieren Sie bitte den ███-Kundenservice unter der Rufnummer ███ von Montag bis Freitag von 9.00 -16.00 Uhr.

Bild-Zeitung vom 26. Juli 1999 (Seite 12)

Abb. 3.14. Verschluckungs- und Erstickungsgefahr durch fehlerhaften Trinkverschluß

Bei Unterlassung angemessener Vorbeuge- bzw. Korrekturmaßnahmen ergäbe sich demgemäß ein Schuldvorwurf gegenüber der Geschäftsleitung. Im „Bienenstichurteil" (s.a. 2.3.1.3 – 6. Pflichtenkreis) hat der Bundesgerichtshof[61] für den Schutz vor verseuchtem Kuchen exemplarisch gefordert:

- Überprüfung der als gefährdend in Betracht kommenden Produkte im Lager, in der laufenden Produktion und im Feld (beim Kunden),
- unverzügliche Aussonderung der betroffenen schadhaften Produkte,
- Verbringen der betroffenen Ware an einen gesonderten Ort,

---

[61] Bundesgerichtshof, Urteil vom 4.5.1988, NStE Nr. 5 zu § 223 StGB

- deutliche Kenntlichmachung dieser Produkte zu deren Sperrung für einen Vertrieb, bzw. mögliche Weiterbenutzung, z.B. in der Produktion,
- Aussprechen von öffentlichen Warnungen an die Kunden, welche die Produkte bereits erhalten haben (über ein Medien, das die Kunden tatsächlich erreicht),und gegebenenfalls:
- Durchführung einer umfassenden Rückrufaktion.

3.2.3
Rückzug fehlerhafter Produkte

Die Rechtsprechung hat in den letzten Jahren das Verhalten der obersten Unternehmensleitungen bzgl. ihrer Verhaltenspflichten konkretisiert. Sie setzt das Verhalten der Führungsebene über die sichtbar gewordenen Produktfehler in ein direktes Verhältnis zu Mißständen in der gesamten Unternehmensorganisation (s. 2.3.1.3). Damit gerät die Unternehmensführung in eine Vorbildfunktion, die sie nur ausfüllen kann, wenn ihr Streben auf eine qualitäts- und sicherheitsbezogene Führung ausgerichtet ist.

- 6. Pflichtenkreis

Sind Warnungen nicht ausreichend zum Schutz geeignet und besteht die Gefahr einer Verletzung hochwertiger Rechtsgüter wie Körper und Leben anderer, müssen weitere Maßnahmen getroffen werden. Zu den weiteren Maßnahmen zählen u.a. der unverzügliche Produktionsstop und die Aufforderung an Kunden, das Produkt umzutauschen (s.a. Abb. 3.11 bis 3.14).

Bleibt auch nach solchen Warnrufaktionen noch die geringste Möglichkeit einer Gesundheitsbeeinträchtigung, ist mittels einer Rückrufaktion sämtlicher ausgelieferter Produkte mit allem Nachdruck sicherzustellen, daß eine Gefährdung ausgeschlossen ist.

Der öffentliche oder auch „offene" Rückruf ist dann erforderlich, wenn das herstellende Unternehmen nicht mehr direkt bzw. durch seine Vertriebspartner auf das betroffene Produkt zurückgreifen

- z.B. „Bienenstich-Urteil"

- z.B. „Paprika-Snacks"

- Formbriefe
marketingähnlicher
Funktionen sind
ungeeignet

kann, d.h. das fehlerhafte Produkt sich teilweise schon im Verfügungsbereich der Konsumenten befindet.

Rückrufaktionen werden von vielen Unternehmen immer noch als eine besonders peinigende Krisensituation gefürchtet. Vor allem die Besorgnis, das Ansehen und der gute Ruf des Unternehmens könnten in den Augen der Kunden Schaden erleiden, bestimmt nicht selten das Handeln. Dabei wird allerdings – wie Fälle aus der Praxis belegen – häufig übersehen, daß ein zu spätes Zurückrufen von Produkten teurer, ja existenzgefährdend sein kann.

Beispiele zeigen, daß Rückrufaktionen den Kunden nicht unbedingt in Schrecken versetzen müssen oder gar dazu bewegen, für längere Zeit gänzlich auf Produkte des rückrufenden Unternehmens zu verzichten.

Ein Unternehmen ist gut beraten, ein kompetent geführtes Reaktions-, Beschwerde- und Reklamationsmanagement zu betreiben. Letztendlich ist es vor allem eine Frage der **Servicequalität**, wie der Verbraucher auf derartige Aktionen reagiert.

Erfährt der Kunde einen persönlichen Nutzen, so kann ein Rückruf unter Umständen das Ansehen des Unternehmens gar stärken.

Hat sich die Unternehmensführung bzw. der Betriebsinhaber für einen Produktrückruf entschieden, so sind folgende Verhaltensregeln zu beachten: [62, 63, 64]

- Der Rückruf muß der Öffentlichkeit verständlich und angemessen erklärt werden. Eine Taktik der Ge-

---

[62] BLL – BUND FÜR LEBENSMITTELRECHT UND LEBENSMITTEL-
KUNDE E.V. (1997) Leitfaden Krisenmanagement. Der Krise
ausgeliefert? ILWI Bonn

[63] PICHHARDT K (1997) Qualitätsmanagement Lebensmittel: Vom
Rohstoff bis zum Fertigprodukt. 2. Aufl. Springer, Berlin Heidelberg New York

[64] PICHHARDT K (1998) Krisenmanagement. In: Handbuch Gemeinschaftsgastronomie Hygiene Richtlininen, Hrg.: Bundesverband der Betriebsgastronomie e.V. Kapitel 9 der 11. Aktualisierung. Behr's, Hamburg

heimhaltung und der Verschleierung geht jedenfalls fehl und ist daher zu vermeiden.

- Einsetzen des Gremiums „Krisenstab", in dem alle betroffenen Abteilungen vertreten sind (Abb. 3.15).

Abb. 3.15. Kleiner Krisenstab – Schnelles Reaktionsvermögen

Der Kreis des Gremiums muß mit entsprechender Kompetenz ausgestattet sein, damit alle erforderlichen Maßnahmen mit Schnelligkeit und der gebotenen Gründlichkeit ausgeführt werden. Die Bewertung der Krise, die intensive Fehlersuche, die nachhaltige Fehlerbeseitigung durch Korrektur und erweiterte Vorbeugemaßnahmen sind unverzichtbare Instrumentarien, um ein Wiederholen praktisch auszuschließen.

- Vorbereitung der Informations- und Pressearbeit, dabei vertrauensbildende und sensible Vorgehens-

- Der Chef muß immer der *erste* Krisenmanager sein.

weise bei Pressemitteilungen und dialogorientiert bei Pressekonferenzen

3.2.3.1
Produkt- und Chargenrückverfolgung

Bei der Verpflichtung zur Gefahrenabwendung kann es bei der *„Durchführung einer umfassenden Rückrufaktion"* zu Schwierigkeiten in der Rückverfolgung des Produktes kommen. Die lückenlose rückwärtige Verfolgung einer Fertigproduktcharge bis hin zu den eingesetzten Rohstoffen führt dann zu erheblichen Schwierigkeiten, wenn die eingesetzten Rohstoffmengen nicht alle restlos für eine zuordnungsfähige Produktmenge verbraucht werden – es also zu Rohstoffüberhängen kommt, die in andere Produktchargen gleicher Gattung oder andersartiger Zusammensetzung verarbeitet werden (s.a. Abb.1.1).

- Erdnußbutter fehlerhaft;
  Folge:
  Drei fehlerhafte Fertigprodukte

Ist ein fehlerhafter Rohstoff oder ein Zukauf einer Teilzubereitung als Ursache für eine Gefahr des Fertigproduktes festgestellt worden, ist unverzüglich zu prüfen, ob diese Zutat möglicherweise auch in anderen Produkten verarbeitet worden ist und sich somit die Gefahr weiter ausdehnen kann (Abb. 3.16).

Eine manuell geführte und auf Rückverfolgbarkeit hin schlüssige Dokumentation stößt hier auf Grenzen. In den überwiegenden Fällen bietet nur eine Datenverarbeitung zur Produktionsplanung und -steuerung die erforderliche Unterstützung.

Die auf Materialnummernblöcke aufbauende Chargenrückverfolgung gewährt den lückenlosen Überblick über die verarbeiteten Rohstoffe; darüberhinaus ist die „Entstehungsgeschichte" einer Produktionseinheit beweisbar und zwar vom Wareneingang bis zum Fertigprodukt (Abb. 3.17).

Eine solche Dokumentation dürfte heute zum Stand der Technik gehören.

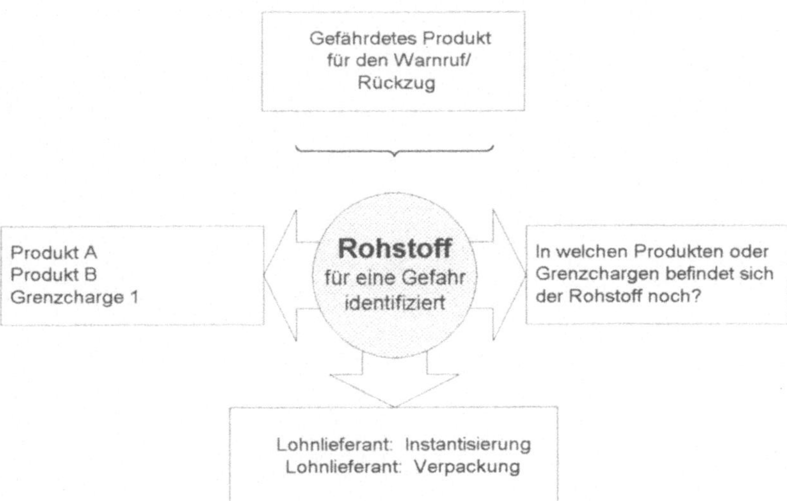

Abb. 3.16. Produktüberschreitenden Einsatz berücksichtigen

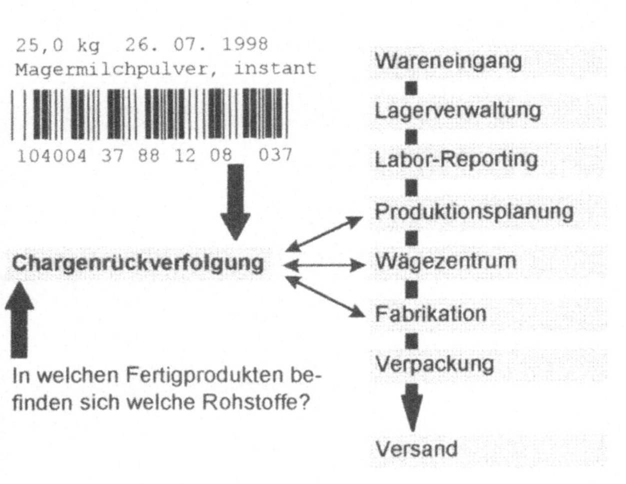

Abb. 3.17. Produktionsplanung und -steuerung zur Chargenrückverfolgung

Glossar

Allgemeine Geschäftsbedingungen
Bedingungen eines Vertrages, die die eine Seite für eine Vielzahl von Anwendungsfällen vorformuliert hat und deren Hinnahme von der anderen Seite verlangt wird. Allgemeine Geschäftsbedingungen müssen bei Abschluß des Vertrages der anderen Seite entweder vorgelegen haben oder von ihr nach entsprechendem Hinweis ohne Schwierigkeiten einsehbar gewesen sein. Allgemeine Geschäftsbedingungen dürfen keine überraschenden Regelungen enthalten; unwirksam sind neben bestimmten, im Gesetz über die Allgemeinen Geschäftsbedingungen (AGB-Gesetz) ausdrücklich genannten Klauseln alle Regelungen, die die andere Seite unangemessen benachteiligen oder die von gesetzlich vorgegebenen Modellen – etwa der Regelung über → Gewährleistung beim Kauf – zu weit abweichen. Entfällt eine Klausel wegen ihrer Unwirksamkeit, so gilt an ihrer Stelle die gesetzliche Regelung

Anscheinsbeweis
eine durch Richterrecht entwickelte Beweiserleichterung für einen Geschädigten; *Sachverhalt,* der auf einen bestimmten Verlauf hinweist

Ausreißer/Ausreißerschaden
trotz Erfüllung aller erforderlichen Sicherungsmaßnahmen dennoch auftretender Fehler aufgrund eines einmaligen Fehlverhaltens resp. einer einmaligen Fehlleistung

Beschuldigter
diejenige Person, gegen die ein Strafverfahren anhängig ist. Im Bußgeldverfahren (→ Ordnungswidrigkeit) wird der Beschuldigte als Betroffener bezeichnet

Beweislast
derjenige, der Haftungsansprüche geltend machen will, hat den Beweis für alle anspruchsbegründenden Voraussetzungen zu bringen; nach deutschem Recht obliegt dem Geschädigten die Beweispflicht

Beweislastumkehr
kann ein Geschädigter insoweit den Nachweis erbringen, daß ein Verschulden des Produzenten plausibel vermutet wird (→ Anscheinsbeweis),
hat der Hersteller Entlastungsbeweise zu erbringen

Beweislastverteilung
durch Richterrecht entwickelte Beweisführung, die es gestattet, einem Geschädigten Chancen einzuräumen (→ Beweislastumkehr), um seine Ansprüche gegen den Produzenten geltend zu machen

Delikt
Vergehen (→ unerlaubte Handlung)

Deliktische Haftung
Haftung auf Grund → unerlaubter Handlung, → Produzentenhaftung

Dokumentation
im Sinne des Haftungsrechts schriftliche Aufzeichnungen (Papier oder
Daten) über das Qualitäts- und Sicherheitssystem einer Organisation und
der darin wahrzunehmenden Funktionen, inkl. Ergebnisprotokolle der
Qualitäts- und Sicherheitsprüfungen, Risikoanalysen

Fahrlässigkeit
fahrlässig handelt, wer einen Taterfolg zwar nicht möchte, ihn aber – bei
Anwendung gehöriger, d.h. erforderlicher → Sorgfalt – vorhersehen und
vermeiden konnte. Die erforderliche Sorgfalt richtet sich nach einem
objektiven Maßstab der betroffenen Verkehrskreise. Der Schuldvorwurf
wird geringer bewertet als beim → Vorsatz

Fehler
das Nichterfüllen einer Forderung

Fehlerhaftes Lebensmittel
aus Sicht der Haftung ist ein solches Produkt geeignet, Rechtsgut (insbesondere Körper, Gesundheit, Leben) zu verletzen

Gattungssachen
Sachen ohne individuelle Merkmale (z.B. 1 Zentner Kartoffeln). Der
Schuldner muß dann eine Sache mittlerer Art und Güte leisten.

Gesundheitsschädliche Lebensmittel
gesundheitsschädliche Lebensmittel weisen *objektiv* feststellbare Fehler
auf; Beispiele: Staphylokokken-Enterotoxin (Gift, dessen Angriffsort der
Darm ist) in Feinkostsalaten oder Tortenfüllungen; Salmonellen in verzehrsfertigen Produkten; Glas-, Metall-, Knochensplitter oder andere

Fremdkörper in Lebensmitteln und Zubereitungen; Desinfektionsmittel in toxischen Konzentrationen in Getränken [65]

Gewährleistung

gesetzliche Verpflichtung eines Schuldners, für die Mangelfreiheit einer Sache oder eines Werkes einzustehen; geregelt vor allem in §§ 459ff und 633ff BGB. Beim Kauf oder der Herstellung neuer Sachen kann durch die → Allgemeinen Geschäftsbedingungen *(das „Kleingedruckte")* die dem Veräußerer (Lieferant, Auftragnehmer) vom Gesetz vorgeschriebenen Gewährleistungen gegenüber seinem Kunden (Auftraggeber, Verwender) nicht endgültig ausgeschlossen oder eingeschränkt werden. Es wäre nicht nur unzulässig eine Gewährleistung überhaupt auszuschließen; vielmehr darf dem Kunden auch das Recht, die Sache seinen Vertragspartnern – gegen Rückzahlung des entrichteten Preises – zurückzugeben oder aber den Preis herabzusetzen (Wandelung, Minderung), nicht endgültig genommen werden

Inverkehrbringen

unter diesem Oberbegriff wird das Anbieten, Vorrätighalten zum unmittelbaren Verkauf oder zu sonstiger Abgabe, Feilhalten und jedes Abgeben an andere zusammengefaßt [66] ; es ist also jede Übertragung der tatsächlichen Verfügungsgewalt auf einen anderen [67] ; auch die unentgeltliche Abgabe (z.B. das Abgeben von Gratisproben) ist ein Inverkehrbringen

Kausalität

Ursächlichkeit bedeutet den Zusammenhang eines Handels oder Unterlassens mit einem Ereignis, z.B. das Herstellen eines fehlerhaften Produktes aufgrund von Pflichtverletzungen,und der weitere Zusammenhang zwischen dem fehlerhaften Produkt und dem Schaden des Verbrauchers

Lebensmittel

Stoffe, die dazu bestimmt sind, in unverändertem, zubereitetem oder verarbeitetem Zustand von Menschen →verzehrt zu werden; ausgenommen sind Stoffe (z.B. Arzneimittel), die überwiegend dazu bestimmt sind, zu anderen Zwecken als zur Ernährung oder zum Genuß verzehrt zu werden; den Lebensmitteln gleichwertig sind Umhüllungen, Überzüge oder

---

[65] PICHHARDT K (1998) Hygieneschulung Lebensmittel. Nach der neuen Lebensmittelhygiene-Verordnung (LMHV). Unter Berücksichtigung der Norm DIN 10514. Springer, Berlin Heidelberg New York

[66] § 7 Lebensmittel- und Bedarfsgegenständegesetz

[67] RÜTZLER H (1997b) Grundlagen des Lebensmittelrechts. In: Lebensmittelrechts-Handbuch II 25, C.H. Beck, München

sonstige Umschließungen von Lebensmitteln, die dazu bestimmt sind, mitverzehrt zu werden, oder bei denen der Mitverzehr vorauszusehen ist [68]

Lohnfabrikationsvertrag
→ Werkvertrag, → Werklieferungsvertrag

Mangel
spezieller und näher bestimmter → Fehler

Ordnungswidrigkeit
Rechtsverstöße, die keinen kriminellen Unrechtsgehalt haben. Sie sind daher nicht mit Strafe bedroht, sondern können im sogenannten Ordnungswidrigkeitenverfahren mit Geldbuße geahndet werden. Die Person, der eine Ordnungswidrigkeit vorgeworfen wird, wird nicht als Beschuldigter, sondern als Betroffener bezeichnet

Positive Vertragsverletzung
ein im Gesetz nicht geregelter Fall der Leistungsstörung. Hierunter fallen alle schuldhaften Pflichtverletzungen im Rahmen eines Schuldverhältnisses, die weder der Unmöglichkeit noch dem Verzug zuzuordnen sind und deren Folgen nicht von den gesetzlichen Gewährleistungsbestimmungen erfaßt werden. Der Anwendungsbereich der positiven Vertragsverletzung ist daher ziemlich umfassend. Als Haupttypen können jedoch die Schlechtleistung und die Verletzung von Nebenpflichten genannt werden

Produkthaftung
verschuldensunabhängige Haftung nach dem Produkthaftungsgesetz; Haftung des Herstellers für Folgeschäden aus der Nutzung seiner Produkte; Fehler ist der zentrale Begriff

Produzentenhaftung
verschuldensabhängige Haftung nach § 823 Bürgerliches Gesetzbuch; Haftung nur bei erwiesener Fahrlässigkeit bzw. erwiesenem Vorsatz

Richterrecht
Recht, das nicht auf der Grundlage von Gesetzen oder Verordnungen beruht, sondern durch die Rechtsprechung der Richter entwickelt und anerkannt ist

Sorgfalt/Sorgfaltspflicht
Verpflichtung zur Einhaltung einer gebotenen Verhaltensweise zur Vermeidung eines Schadens und nachfolgender Haftung

---

[68] § 1 Lebensmittel- und Bedarfsgegenständegesetz

Unerlaubte Handlung

fahrlässige oder vorsätzliche Verletzung der Rechte oder des gesetzlichen Schutzes eines anderen

Verdeckter Mangel

→ Mangel oder Fehlen einer zugesicherten Eigenschaft, die nicht offensichtlich oder nicht ohne weiteres feststellbar ist

Verderb/Verdorbenheit

als verdorben ist ein Lebensmittel insbesondere dann zu beurteilen, wenn es infolge Veränderungen oder äußerer, nicht als Verfälschung zu wertende Einflüsse eine der berechtigten Verbrauchererwartungen derart widersprechende Beschaffenheit erlangt hat, daß eine bestimmungsgemäße Verwendbarkeit (Genußtauglichkeit) oder seine normalerweise zu erwartende Haltbarkeit erheblich vermindert oder ausgeschlossen ist [69]

Verschulden

das objektiv pflichtwidrige und subjektiv vorwerfbare vorsätzliche (→ Vorsatz) oder fahrlässige (→ Fahrlässigkeit) Verhalten einer Person. Im Zivilrecht ist Verschulden (§ 267 BGB) in der Regel die Voraussetzung für eine Haftung auf Schadensersatz (deliktische Haftung aus § 823 BGB)

Vertrag

mehrseitiges, d.h. zwischen mindestens zwei oder mehreren Personen entstehendes Rechtsgeschäft, das durch Antrag und Annahme zustande kommt; die Personen erklären eine gegenseitige Willensübereinstimmung zur Begründung eines Schuldverhältnisses; Verträge können stillschweigend, mündlich, schriftlich oder in anderer Weise geschlossen werden

Verzehr

Essen, Kauen, Trinken sowie jede sonstige Zufuhr von Stoffen in den Magen [70]
sonstige Zufuhr: bei der enteralen Ernährungsform durch Sondennahrung erfolgt die Aufnahme von Stoffen unter Umgehung des Mundes direkt in den Magen; die parenterale Ernährungsform von Intensivpatienten (Kochsalz- oder Kohlenhydratinfusionen) zählt nicht zum Begriff *Verzehr,* da die Flüssigkeit unter Umgehung des Magens in den Blutkreislauf gelangt

---

[69] Definition vom Europäischen Rat des Codex Alimentarius (zit nach EDELMEYER H (1985) Reinigung und Desinfektion bei der Gewinnung, Verarbeitung und Distribution von Fleisch; Seite 14. H. Holzmann, Bad Wörrishofen

[70] § 7 Abs. 1 Lebensmittel- und Bedarfsgegenständegesetz

Vorsatz

das Wissen um die Merkmale und Wollen der Merkmale eines Tatbe-
standes, also der Sachbeschädigung oder der Körperverletzung. In der
Regel ist der zivil- und deliktrechtlichen Haftung der Haftungsgrund
„Vorsatz" selten, nicht jedoch die → Fahrlässigkeit

Werklieferungsvertrag

Verpflichtung des Unternehmers (→ Werkvertrag), ein Werk aus einem
von ihm zu beschaffenden Stoff herzustellen. Auf einen derartigen Vertrag findet bei vertretbaren Sachen (→ Gattungssachen ohne individuelle
Merkmale, z.B. Katalogware) vor allem Kaufvertragsrecht Anwendung,
bei unvertretbaren bzw. nicht vertretbaren Sachen (Spezial-, Sonderanfer-
tigungen) vor allem Werkvertragsrecht

Werkvertrag

→ Vertrag über die Verpflichtung des Unternehmers zur Herstellung des
versprochenen Werkes und die des Abnehmers zur Entrichtung der vereinbarten Vergütung (Werklohn); z.B. Lohnfabrikationsvertrag

Sachverzeichnis